设计之外
从社会角度考量医疗建筑

郝晓赛 著

中国建筑工业出版社

图书在版编目（CIP）数据

设计之外：从社会角度考量医疗建筑 / 郝晓赛著 . —北
京：中国建筑工业出版社，2019.10
ISBN 978–7–112–24149–1

Ⅰ. ①设… Ⅱ. ①郝… Ⅲ. ①医院 — 建筑设计 — 研
究 Ⅳ. ① TU246.1

中国版本图书馆 CIP 数据核字（2019）第 189528 号

责任编辑：率　琦
责任校对：赵听雨

设计之外
从社会角度考量医疗建筑
郝晓赛　著

*

中国建筑工业出版社出版、发行（北京海淀三里河路9号）
各地新华书店、建筑书店经销
北京点击世代文化传媒有限公司制版
北京中科印刷有限公司印刷

*

开本：787×1092毫米　1/16　印张：13¼　字数：300千字
2019年8月第一版　2019年8月第一次印刷
定价：55.00元
ISBN 978-7-112-24149-1
（34652）

自　序

"功夫在诗外"，做设计也一样。清华大学秦佑国教授曾在课堂上告诉建筑学子，对设计专业知识的掌握"多多益善"，但一个人要想在设计领域中获得自由，在复杂棘手的项目面前萌发解决问题的灵感，设计出有创新、有特色的方案，仅仅知道现成的设计知识是不够的，还得有专业修养；"修养是比知识高一层次的境界……表现在对学科的整体把握和各分支的融贯，对相关知识甚至是看似无关的知识的了解"。

医疗建筑设计之外的相关知识，是形成设计价值判断的重要来源，对深入理解设计、取得更高设计成就至关重要。英国医疗建筑学者路维林·戴维（Llewelyn Davie）说过，"深入认知才能精湛设计"（Deeper Knowledge, Better Design）。除了掌握医院规划与单体设计，以及医疗工艺设计等专业知识，建筑师还需把目光投向"设计之外"的相关知识，用来评判设计价值，在多种方案间取舍，成就设计的专业之路。

近年来，数万亿的资金持续投入中国医疗建设中去，而可资参考的医疗建筑出版物却少得可怜，其中还以工程实例类图书居多，理论类书籍偏少，专业素养类书籍更少。而一些很有价值的设计研究成果与观点发表在专业学术杂志上，医疗建设人士难以接触、读懂并用于设计实践，他们不得不边实践边摸索，面对既有读物中碎片化的专业知识，即使有时间，肯下苦功夫通读一遍，也难以做到整体把握医疗建设实践的全貌，更别提做到对分支知识的融会贯通。

因此，当多次碰到医疗建设同仁和建筑学子请我推荐自学医疗建筑设计用的、简单有效的书籍后，我逐渐萌生了围绕"设计之外：从社会角度考量医疗建筑"这个主题，开展"轻理论"（学术理论通俗化）写作的想法。基于自己的医疗建筑设计实践、学习研修、科研与教育工作经历，多角度阐释医疗建筑师的工作，介绍学习医疗建筑设计的有效方法，说明设计研究的必要性与价值，给出医疗建筑设计常见的评判方式与导向，推介医疗建筑师所需学养的获取途径等。

我一向践行"行胜于言"，之所以产生这个著书立说的想法，也因为看到了梁思成先生说的这句话："非得社会对于建筑和建筑师有了认识，建筑不会到最高的发达。所以你们负有宣传的使命，对于社会有指导的义务。"梁先生在1932年说的这段话，对当今中国社会依然有现实意义。

为此，本书的写作围绕九个主题展开，每个主题一章。第1章介绍了我的医疗建筑从业经历，供有志于从事医疗建设行业者参考；第2章"设计医疗建筑的建筑师"，多角度阐释医疗建筑师的工作特点；第3章"课本在路上，也在解剖室"，介绍了学习医疗建筑设计的有效方法之一：实地观察；第4章"医疗建筑研究：通往社会需求的桥梁"，谈谈研究的价值、有哪些研究方向和可借鉴的研究成果；其中比较边缘，但对国内实践有重要借鉴意义的"医院建筑安全研究"和"医院降低投资研究"两个专题，在第5章"医院建筑设计与安防管理"和第6章"从Best Buy到Nucleus：经济型医院演进"中进行详细介绍；在前文介绍了设计研究的基础上，第7章"什么是好的医院建筑"，谈谈常见的设计评判方式与价值导向；第8章"医院建筑方案理性择优"在第7章基础上介绍遴选设计方案遇到的问题和解决方法；第9章"医疗建筑师养成之道：医疗建筑教育"，介绍医疗建筑师可资利用的国内外专业培养平台。

本书可以从前往后顺次阅读，后一章为前一章引出问题的解答，环环相扣；同时，为了方便读者，每章话题独立，读者也可以挑选感兴趣的话题跳读。

本书出版获国家自然科学基金资助（项目批准号：51608023），在此特别致谢。身为职业女性和一位母亲，我在写本书时自然少不了家人的大力协助：感谢母亲崔秋娥女士、父亲郝国灿先生和丈夫董强先生，他们事无巨细地照顾着我的小家庭，让我能摆脱生活琐事的纷扰，专心写作；感谢女儿董静宜，她用独立、健康、快乐的成长减弱我疏于教导的愧疚感，并陪伴我度过了无数个写作的夜晚；感谢姐姐张亚男和郝夏斐对家中长辈与女儿的悉心照顾。

郝晓赛

2019 年 2 月 24 日

于北京建筑大学

目 录

第 1 章

前言：我的医疗建筑从业经历

前页插图：
图 1-1 "一杯白水"出现的场合不同，价值不同

近 20 年来，我所有的工作与学习，都是围绕"医疗建筑"展开的，可以说，跨越了医疗建筑的设计实践、理论研究和专业教育三个领域。毕业后，先是在国有大型设计院从事医疗建筑设计多年；之后去清华大学攻读博士、博士毕业后到北京建筑大学任教，期间公派去英国国立医疗建筑研究所（MARU）、美国得克萨斯州农工大学（Texas A&M University）健康系统设计研究中心（CHSD）访问学习，学习研究的也都与医疗建筑设计相关。

除了"专"，这段经历其实很平凡。不过，总有人不断问：你是怎么学会医院建筑设计的？还有，我一直都没找到自己的方向，而你，是怎么选择并坚持在医疗建筑领域做专做深的？等等。口头答复这些问题时，大家反映还挺受启发，既然经验和道理不只是成就卓著的人才可以写，那我就斗胆写下来与更多人分享，也作为本书行文背景。

2000 年我建筑学硕士毕业，当时面临两个职业选择：老师或建筑师。选后者一是因为，建筑学是应用学科，此生非有几栋作品建成才不枉学了喜爱的专业；二是因为，职业建筑师工作经历对今后去高校从教有帮助，设计实践不仅能充实教学内容，也能使理论更具说服力。例如，宾夕法尼亚大学建筑学院前院长原为 SOM 高级建筑师，她认为教师自己得能盖房子，才能教学生们，建筑学教师不仅要教学生做设计，还要把职业精神传授给学生。

选择时没考虑收入。21 世纪初国内建筑设计市场非常红火，建筑师收入高是事实，不过这只是选择的副产品，而非决定因素。后来重返校园攻读博士学位时，听到老师强调人生规划要以发展事业为重心，不要被收入牵着鼻子走，我庆幸自己在这场择业考试里"蒙"对了。是的，年轻人需要通过工作继续接受教育，因此应该进能进的最好公司，然后忘掉工资的事，去学之前不知道的东西，学会实战本领后，有的是机会赚钱。

我以建筑设计快题第二名的成绩，考取了一家名叫"机械工业部设计研究院"（现为"中元国际工程有限公司"）的单位，第一名是位工作多年的国家一级注册建筑师。在这家单位供职的、当今中国医疗建筑设计界泰斗黄锡璆博士 ❶，我入职时，距他 20 世纪 80 年代从比利时鲁汶大学、师从扬·德路教授学习医疗建筑获博士学位后归国不过 10 余年，他从 3000 多平方米的诊疗建筑设计起步，其时，刚刚主持完成了首个 14 余万平方米、1000 床的大型综合医院——佛山第一人民医院项目设计不久。

办理入职过程中，设计院人事部和设计所长热情洋溢地向我宣讲黄锡璆博士的医院设计成就和市场的未来可期。设计院施行培养新人的"老带新"政策，即请经验丰富的高年资建筑师担任刚入职者的工作导师。由所长拍板，我成了黄博士的"老带新"弟子之一。

身为同济大学教授的常青院士说过，发展事业一定要找到一个可以和你一起成长的方向。很幸运，我就这样站在了自己未来方向的起点上：21 世纪初的中国医院建筑设计和我一样，刚刚起步。因为医院建筑复杂艰深难上手，且建筑师发挥余地少、收费标准不高，民用建筑设计院少人问津，大都忙于设计"高大上"的大型体育场馆、博物馆或设计取费高的大型房地产项目等。因此，有医院设计经验的专业设计团队很少。我刚工作参加医院设计竞标时，碰到的对手来来回回不过是上海某院和浙江某院等 3 家设计院。

医疗建筑师这份职业也很快向我展示了它的魅力。无数

❶ 黄锡璆博士为中国中元国际工程有限公司首席总建筑师、国家一级注册建筑师，长期从事医疗设施规划设计研究，先后主持百余项医院工程项目设计，2000 年被评为全国工程勘察设计大师，2012 年被授予第六届"梁思成建筑奖"。

成功经验表明，一份工作持续给人以成就感，比个人兴趣更能让人"干一行爱一行"。首个项目江苏省苏北人民医院给予了我这种成就感。

这座竞标设计规模 1000 床的医院位于扬州市。"烟花三月下扬州"这句诗让人自然而然地把这座城和繁华富庶联系在一起。但当 2000 年秋勘察场地时，医院现状令人触目惊心：老急诊楼破旧不堪、嘈杂拥挤，走廊中躺着输液的病人痛苦而无尊严……后来，再去施工现场，看到自己笔下的线条一点点建造成真实的空间，至 2004 年新门急诊楼全部建设完成，看到医生和病人在明亮宽敞的环境中有序工作、就诊的种种场景，回想旧楼景象，对所在团队带来的"从地狱到天堂"般的巨大改变，不由得心生自豪（图 1-2）。

图 1-2 左：苏北人民医院新建门诊部中庭；右：黄锡璆博士在新建急诊部走廊

❶ 小汤山非典医院，又称为小汤山医院二部工程，设置了 508 间病房、612 张床位，总建筑面积 2.5 万平方米（含室外连廊），医院设计图纸连同其他抗非典实物资料（如医疗器具、防护服、家信和请战书等）一起，于 2003 年被北京首都博物馆收藏。

再次深切体会这种职业神圣感是在 2003 年 4 月底 SARS 肆虐北京城，人人"闻咳色变"的"非典时期"，对抗来势汹汹的病魔成了一场决战。在全球恐慌的国际社会压力下，北京政府决定在郊区小汤山医院东北侧急速创建一所临时性的呼吸科疾病传染病医院，集中收治隔离患者，即"小汤山非典医院"。❶

这所应急医院的实际工期为 9 昼夜。以黄锡璆博士为首的设计团队进驻工地现场协同设计，彻夜赶工。作为轮流"上前线"中的一员，我亲历了这一段紧迫时光。在患者入驻小汤山医院后，一些设计师仍需坚守现场，解决施工遗留问题，那一刻，医疗建设团队与医疗工作者站在了一起。一直以来，人们认为有奉献精神、宗教情怀者，最适合从事医疗救护事业，在 SARS 后，我想这句话也适用于医疗建筑师。

有的成就感来自医院业主。他们的理解和尊重极大地消解了夜以继日加班的辛苦投入和收入不高的现实压力。我担任建筑专业负责人的第二个项目是河北大学附属医院，完成从方案到施工配合的全部设计工作历时五年。医院投入使用后的那个新年，我收到了一张来自业主的邮政定制贺卡，画面是再熟悉不过的医院效果图，上写着："请你留好你的作品。"我第一次体会到了工作的快乐。

建筑师朱锫在一次讲座中，曾用出现在宴会中、田园餐桌上、沙漠中以及洒向沙漠中的"一杯白水"图片，说明同一事物在不同情景中的价值不同。餐桌上出现一杯水，虽适宜和谐，但与"葡萄美酒夜光杯"等相比却没有多大吸引力，而沙漠中的那杯白水，作为"救命水"显然要珍贵得多（图 1-1）。比起设计各种"高大上"公共建筑的明星建筑师，医疗建筑师的工作显得平淡，甚至枯燥，但在社会急需而专业团队稀缺的环境中，它成了"救命水"。

就这样，我决定以医疗建筑设计为终身职业。

硕士毕业那年，我把建成几栋建筑作品、去国内外顶尖学府深造、之后去高校当教师、出版专著等想法粗略列在此生要做的 50 件事中。在这个决定后，列表中工作的条目围绕"医疗建筑设计"有了具体内容，只是不确定是否能一一实现。所幸，时间对艺术、设计或哲学是仁慈的，我所在的领域没有旧的出局、新的流行这类一夜间天翻地覆的频繁更替，所需要的只是耐心。

写下列表时我 24 岁，现在 42 岁，近 20 年谈不上成功，但有机会逐项实现"人生清单"，平凡生活增添了很多快乐。布隆伯格说过，"顽固不化和有勇气坚持之间的区别有时候只体现在结果之中。"坚持初心，是"顽固不化"也好，是"有勇气坚持"也好，至少能让人一直保持做事热情，不畏艰苦。

我在中国中元国际工程有限公司工作了 9 年，主持或参与完成了 20 余项医院建筑设计。那段时光很美好，无论是跟同事一起连夜奋战画图投标，坐火车出差聊天，还是在结构、给排水和电气专业小伙伴们帮助下准备国家一级注册建筑师考试，都温暖而难忘。

然而，随着做的医院设计项目增多，大量的"为什么"也越积越多。既为一些迫不得已的妥协无奈、苦恼（详见第 2 章第 5 节），也曾迷茫自己的设计是否为最优解决方案（详见第 5 章第 1 节）。对于实践中成长的建筑师而言，困惑是常态，可以借助设计研究和继续教育解决（详见第 4 章第 1 节、第 9 章第 1 节）。在自学过程中，认识到国内医院设计研究等方面的薄弱现状后，我决定到清华大学攻读博士学位，研习医疗建筑设计。

针对我的实践背景，导师秦佑国教授建议我以《医学社会学视野下的中国医院建筑研究》为题进行博士论文研究。为获取国际视野和对比研究必需的基础信息，我申请到了清华大学博士生联合培养基金资助，于 2010 年秋赴英国国立医疗建筑研究所（Medical Architecture Research Unit, MARU）研修（详见第 9 章第 2 节）。

研修导师是 MARU 时任所长露丝玛丽·格兰维尔

（Rosemary Glanville）女士，在她指导下我系统了解了英国医院建筑设计研究与教育成就。格兰维尔女士起初想让我以中英医院建筑比较为题写研修报告，但随着研究的深入，了解到当代英国医院建筑设计面向社会需求展开研究、并将研究成果用于实践的理性发展历程后，深感中英发展差距、无可比较，于是放弃了这一选题。跟导师协商后，仅从为中国医疗建设提供借鉴之资角度，系统梳理了英国的研究（详见第 4 章第 4 节）。MARU 尚未做过英国医疗建筑研究的整理工作，于是该英文报告成为填补研究空白的综述文献。

在清华做博士论文研究，逐渐消解了在设计院积累的困惑，让我更多关注了社会环境对医院建筑发展的影响，理解了建筑师肩负的社会责任，并改变了对医疗建筑师职业的看法：我们的工作不限于设计阶段的狭义实践，还可以覆盖建造全过程，覆盖设计研究与实验项目探索，甚至专业人才培育等广义的实践中去。

设计公司也并非有志于从事医疗建筑设计者唯一的从业平台。医院建设自身的逐利性，与按建设投资一定比例收取设计费用催生的建筑设计行业逐利性，和设计公司的市场化经营等叠加后，造成的后果就是优秀的医院建筑设计团队涌向经济发达地区，涌向规模大、设计收费高、易产生行业影响力的国家或地区重点医院建设项目。

医疗设施未来的发展趋势，是基于社会协作的分散化发展。住房和城乡建设部副部长仇保兴在名为《新型城镇化：从概念到行动》的演讲中谈到，在新型城镇化建设中，过去那种"偏好大型、集中式基础设施"的建设倾向，需要向"小型、分散、循环式基础设施"转变。英国和荷兰等欧洲国家也研究认为，未来传统大型医院的业务应该向社区转移、分散到城市各类小型专科诊所和养护等设施中去（详见第6章第5节）。

如果优秀的医院建筑设计团队趋向于承接大规模医院项目，那么，那些规模小、建设总投资不多、却同样需要精湛设计的惠民医院、社区医院等卫生设施怎么办？在缺乏市场驱动力时，那些需要保证建筑品质同时降低建造成本的医院设计项目，谁来研究，承接设计？这些社会需求是实实在在存在的（详见第7章第3节 3.2 "提升经济效益"）。

如果说，做一项医院建筑设计，影响一家医院；做一名医疗建筑师，影响多家医院；而去做一名医疗建筑教育家，培育专业上的"后代"，则有可能影响很多很多家医院。于是，我打算博士毕业后去高校就职，边开展医疗建筑设计实践边进行学术研究，用思考所得教书育人。

当然，事情进展和理想略有不同，到北京建筑大学任教后，大部分日常工作与医疗建筑设计无关。原因很好理解，这是由大学本科教育特点决定的，这也是很多通过研究某类专深问题取得博士学位的人从教后要共同面对的问题：教师需要承担大量本科教学工作，而本科以大类通识教育为主（研究生才以专业教育为主），教学所需和本人专深的研究领域大多无关（详见第9章第1节）。在其位谋其职，教学之余再从事医疗建筑相关，这样一来，以前的"主业"变成了"副业"。

谁承想，医疗建设领域的教育需求如海浪拍岸，催人前行。校内，许多建筑学专业的高年级本科生提出想跟我学习医疗建筑设计，每年都有不少研究生学子想加入医疗建筑设计研究团队。校外，清华大学和北京大学连年邀请我前去为公共卫生领域的硕士研究生们、来自医疗建设领域的人士讲授《医院的建筑设计》课程，学时为一天……

面对求知若渴的各路学子，令人陷入思考，该如何有效开展医疗建筑设计教育？为此，从教第 3 年，我申请了国家留学基金委资助，于 2017 年在美国得克萨斯州农工大学（Texas A&M University）健康系统设计研究中心（CHSD）访问学习一年（详见第 9 章第 3 节）。

在清华读博期间申请出国访问学习时，我同时也拿到了美国 CHSD 的 Offer（访问学习邀请函），各种原因最后只能选择去英国 MARU，很高兴这次能去 CHSD 圆梦了。现在看来，读博时去英国 MARU 获得了博士论文研究的国际视野；等能去美国 CHSD 访学时，已在北京建筑大学任教三年，在此期间，围绕医院建筑设计，既指导过本科生设计课题，又指导过硕士研究生论文，还顺利申请到了一项国家自然科学基金资助的医疗建筑研究课题，因此可以在已具备初步的教学与科研经验基础上深入了解 CHSD 如何跨学院运转医疗建筑专项教育平台，如何建设师资队伍，如何搭建课程体系等，这也正是 CHSD 区别于 MARU、独具特色之处。可以说，这两次访学各得其所，都是最好的安排。

访学归国后，通过在北京建筑大学举办"2018 大健康建筑设计与研究高校联盟——医养建筑本土化设计学术论坛"，管中一窥，了解到当前国内医疗建筑研究与教育概貌（详见第 9 章第 4 节）。论坛的学术架构和嘉宾组成，主要由我来设计和邀请，医养建设、研究与教育领域的专家学者代表共聚一堂，交流了国内医养建筑发展现状与问题，并探讨了教育相关话题。

近年来随医疗建设增量巨大，国内很多建筑设计院或公司成立了医疗建筑专项设计研究所，一些高校也由医疗建设领域的知名学者挂帅成立了健康建筑类设计研究中心（所）。不过，国内相关专项人才和研究成果积累与国外相比较为贫乏，

❶ 庄惟敏. 全球化趋势下我国建筑师职业
实践所面临的挑战——国际建协职业
实践委员会发展历史沿革及建筑实践
职业主义推荐国际标准 [J]. 南方建筑.
2009, 01: 9.

1 医疗建筑是建筑师工作对象之一

先说一件真实的小事。曾有人向我搭讪说："你是建筑师呀，真棒！希望有一天，能住上你设计的房子。"我连连摆手："别！别！别！"接着严肃地解释道："抱歉啊，因为我是医疗建筑师，只设计医院。"由此可见，大家对建筑师的工作了解还不够多。

设计医疗建筑的建筑师，是建筑师群体中的一员。建筑师是个古老的行业，在西方，和医师、律师、会计师一起并称为四大专业人士。建筑师通常受过专业训练，领有执照或获得职称，以提供设计咨询服务为主。国际建筑师协会（Union internationale des Architectes, UIA）对建筑师的定义是这样的："通常是依照法律或常规专门给予一门职业上和学历上合格并在其从事建筑实践的辖区内取得了注册 / 执照 / 证书的人"。❶

医疗建筑，是建筑师众多工作对象之一。我国首例由建筑师设计的医院建筑是湖南长沙的湘雅医院（Hsiang Ya Hospital in Changsa）（图 2-2），距今百余年，此前医院多由医师主持建造。这栋被当地老百姓称为"红楼"的建筑物可容纳 400 张病床，由美国著名建筑师罗杰斯（John Gamble Rogers, 1867 ~ 1947 年）设计于 1918 年，罗杰斯曾为美国耶鲁大学、哥伦比亚大学和西北大学设计了多所建筑。

图 2-2 我国最早由建筑师设计的医院——长沙湘雅医院的设计图、早期与现状照片

许多蜚声国际的建筑师设计过医疗建筑。如日本建筑师安藤忠雄设计的尼泊尔普多瓦妇幼医院、美国建筑师弗兰克·盖里（Frank Owen Gehry）设计的英国玛姬癌症照护中心（图2-1）。芬兰建筑师阿尔瓦·阿尔托（Alvar Aalto）设计的帕米欧肺病疗养院（Paimio Tuberculosls Sanatorium，1929～1933年），更是载入建筑历史教科书的典范。此外，现代建筑大师勒·柯布西耶（Le Corbusier）1965年曾设计过用于救治重症和晚期病患的威尼斯医院，虽未建成，却成广为传播的案例之一。

2　医疗建筑对建筑师从业要求很高

建筑师的从业要求很高。早在公元前一世纪，维特鲁维所著的《建筑十书》中谈及建筑师培养时就说过，"建筑师既要有天赋的才能，还要有钻研学问的本领。因为没有学问的才能或者没有才能的学问都不可能造就出完美的技术人员。因此建筑师应当擅长文笔，熟习制图，精通几何学，深悉各种历史，勤听哲学，理解音乐，对于医学并非茫然无知，通晓法律学家的论述，具有天文学或天体理论的知识。"❶

而医疗建筑对建筑师提出了更高的要求。医疗建筑（尤其是大型综合医院建筑）功能复杂度高，要想很好地完成规划与设计，建筑师要具有强大的理性思维，熟知医学流程，了解医疗设备运行所需条件并具备处理复杂问题的能力等。难怪医疗建设领域常有人戏谑地说，"没有设计过医院的建筑师，不是好建筑师。"

更甚之，为了项目顺利进行，医院建设方往往希望承接设计的建筑师个人或团队具备医院项目设计经验。承接医院项目的设计公司（设计院或所）招聘建筑师时，要求应聘者

❶ 维特鲁维. 建筑十书 [M]. 高履泰译. 北京:知识产权出版社, 2001.

❶ MARU. The Planning Team And Planning Organization Machinery[R]. London: MARU, 1975.

具备丰富的医疗建筑设计经验就不足为奇了。英国的《医疗建筑多专业规划团队与规划组织机制》❶ 研究报告中，明确指出医疗建设顾问团队组建，首选实战经验丰富的专业人士，否则建议团队骨干成员去参加专业培训，以便于带领团队工作。

由此，医疗建设领域存在着项目向有经验的建筑师或设计团队积聚的"马太效应"（Matthew Effect）。恰似《新约·马太福音》中所描绘的："凡有的，还要加倍给他叫他多余；没有的，连他所有的也要夺过来。"不过，好处是，一旦进入了医疗建筑设计领域，建筑师们就可以连续不断地承接医院项目，在实践中成长并以此为生了。

医院项目向更富有经验的建筑师或设计团队集中，由这些经过专业培训，或经过实践训练、设计产品质量稳定的个人或团队承担，有助于医院建设良性发展，是保护公众利益的好事，这种现象由来已久。例如，早在中华民国时期，就有这么一位在中国承接设计了多家医院的美国建筑师哈利·赫西（Harry Hussey）（图 2-3）。

赫西早期的建筑设计大多为教会建筑，人称"传教士建筑师"，而医院和教堂、学校并列，是教会三大主要建筑类型

图 2-3　美国建筑师哈利·赫西和他设计的北京协和医院

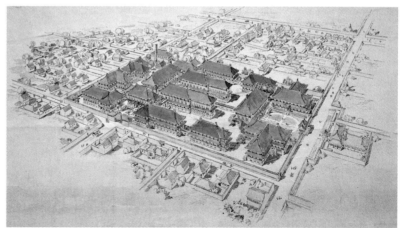

之一，赫西自然也积攒了丰富的医院设计经验。1919 年，美国洛克菲勒基金会出资建设北京协和医院时，原本邀请了美国建筑师库利奇（Coolidge）设计，但库利奇反复斟酌了项目难度后，向基金会推荐了医院设计经验更丰富的赫西。在此不久前，即 1918 年，赫西设计的国立北京中央医院（今北京人民医院）才刚刚落成；赫西为北京协和医院（1919 ~ 1921 年）设计了由 16 栋建筑组成的宫殿式建筑群，留存至今。

3　医疗建筑师，首先是位好建筑师

　　不过需要提醒注意的是，愿意投身于医疗建筑设计事业的建筑师们，要警惕在医疗建筑领域工作太久后，会遇到"不识庐山真面目，只缘身在此山中"的情况，或手法思维固化的情况。英国的同一份研究报告指出 ❶，解决医院建筑设计问题有两种途径，一种是通过医院工作人员或专业从事医院建筑设计的人不断积累的知识和经验解决；另一种是由这两类人群外的人解决，因为后者作为"局外人"，会好奇地观察医院这个新世界，会带来新鲜看法或找到新的解决方法；前两种人群在医院中工作或为医院工作的太久，早已习惯这个世界了，导致对问题也习以为常、视而不见，或解决问题的方法僵化。

　　这就要求有医疗建筑设计经验的建筑师不能有"圈子"或"领地"意识，对新生事物、新加入医疗建筑设计领域的建筑师，都要保持"求知若饥，虚心若愚"（Stay hungry, Stay foolish）的开放心态。曾有位建筑师跟作者谈到，她第一次去美国参观医院时，很惊讶地看到那里居然有咖啡厅和购物街，根本不是老师所说的"医院要有医院的样子"。医院设计不只有老师所说的一种模式，也可以不像医院：在患者看不到的地

❶ MARU. The Planning Team & Planning Organization Machinery[R]. London: MARU, 1975: 2.

方（恰似剧场中观众看不到的后台"offstage"），医疗流程井然有序地进行着，而在患者看到的区域（恰似剧场中观众看到的前台"onstage"），除了医疗候诊区，还设置有美食区、咖啡厅、庭院花园等，极大缓解了人群紧张和焦虑的情绪。

设计医疗建筑的建筑师，首先要把自己定位成建筑师，而不仅仅是医疗建筑设计专家。建筑领域内的一切，不同建筑类型及建造方式，来自设计领域和技术领域的革新，都可以丰富医疗建筑设计。例如，英国启动大规模医院建设项目时，来自教育设施和住宅建设领域的工业化建造，即预制和模数化设计建造经验，很快地用于开展医院建设项目、成效显著。

有事例表明，许多优秀的医疗建筑并非由专做医疗建筑的建筑师设计的 [1]。本章开头展示的国际建筑大师安藤忠雄、弗兰克·盖里等人设计的医院建筑作品，并非印象中传统医院的模样，这些作品极大地丰富了医疗服务场所的空间形式。这些建筑师涉猎广泛，医院建筑只是他们的工作对象之一，而使他们闻名天下的作品往往是美术馆等公共建筑。

有的建筑师会说，设计医院建筑不要想着得奖和创新，只要设计好流线，满足医疗功能需求和医护人员工作需求就好。我认为，医院设计获奖和设计朴实好用二者并不矛盾，只是出于不同价值判断标准罢了。关于什么是好的医院建筑这个话题，这里不展开说，详见本书第 7 章。

4　医疗建筑师面临更多的设计协作

建筑设计图纸通常由建筑师与多个专业的工程师共同完成。《中国大百科全书》中写着，建筑师要精通建筑技术和建筑艺术的各有关方面，负责制定建筑设计方案和施工图纸，作

[1] Susan Francis, Rosemary Glanville, Ann Noble, Peter Scher. 50 Years Of Ideas In Health Care Buildings[M]. London: The Nuffield Trust, 1999.

为施工的依据，并监督工程的实现。现代建筑中的结构、供暖、空气调节、给水排水、机电设备和防火消防等工作，则由各专业工程师共同协作来完成，建筑师通常是这种协作的协调者和组织者。

　　然而，设计医疗建筑的建筑师通常面临更多的设计协作。这是因为，医疗建筑设计团队（尤其是大型综合医院）所需的专业工程师比其他建筑类型所需的种类要多，即使相同专业的工程师，工作内容也比其他建筑类型的要多。例如，除了前述工种，医疗建筑设计团队还要有医疗气体专业工程师，负责氧气、笑气、压缩空气和负压吸引等气体管网和相关站房的设计工作；团队中的暖通工程师除了负责供暖和空气调节设计工作，还要负责空气净化设计等。

　　因为医院的总体规划设计内容远比其他类型项目复杂，有的医疗建筑设计团队还把总图专业（工种）独立出来单独设置，把医院总体规划设计方案与施工图阶段需要处理的大量技术性工作，从建筑师的工作中分离出来交给总图设计师来做。医院建筑设计之前加入"医院总体规划设计"这一过程，在其他类型建筑设计中并不常见。在方案设计阶段，医院总体规划设计为医院建设搭建建筑骨架和脉络，决定建筑的交通关系和生长关系，担负着将医疗规划翻译为空间规划的任务；在施工图阶段，除了常规的场地竖向设计等工作内容，医院的管线综合图因为增加了污水处理系统和医疗气体系统管网等，变得异常复杂，常常也需要专人专项处理。

　　近年来，有的医疗建筑设计团队还把医疗工艺（medical planning）这项工作也从建筑师的工作中分离出来，单独设置医疗工艺设计专业（工种），或者交由承接医疗工艺设计的公司去做。医疗工艺设计师不仅需要精通医疗服务程序、了解医疗流程与医疗设备运转所需资源与技术条件等，还需要熟悉建筑师的工作内容与程序，便于与建筑师协同工作，并完成相关技术需求的收集与建筑设计调整深化工作等。

医疗建筑师除了与设计团队各专业协同工作，还需要与业主紧密配合，充分了解用户需求。要知道，实际工作中，医疗建筑师要完成的工作不仅仅是绘制设计图纸，往往还包括联合其他工种协助业主深化完成设计任务书拟定工作（图2-4）。业主团队成员主要由基建管理人员、各科室负责人、护士长、各类医疗设备技师、后勤工作人员、物业工作人员、安保工作人员等组成。

医院项目规模往往比较大，大型综合医院的总建筑面积动辄数十万平方米，深圳的个别项目总建筑面积甚至达到近

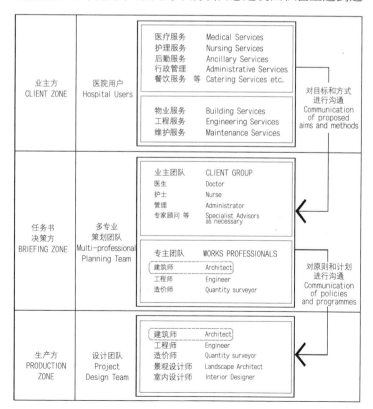

图 2-4 英国医院建筑设计多专业、多团队协同工作框架（MARU，1975 年）

百万平方米。由此一来，建筑设计的多项专项工作，会由不同专长的设计师、咨询顾问和合作公司等协同完成，建筑师还需要在特殊功能部门图纸深化设计过程中，和各类分包厂商打交道，商定技术细节；这些特定部门有影像科、手术室、中心供应和制剂室等。

面对大量协作工作，为顺利完成设计任务，医疗建筑师需要具备良好的人际交往能力。人际交往能力的培养是学校教育的组成部分，学校教育包含"人际关系培养"和"学术训练"两部分。只是当下教育往往以学术训练为重，对学生自我表达、与他人沟通等能力的培养普遍缺失。

除了人际交往能力，为了能与设计协作伙伴进行跨专业的有效沟通，准确地把对方的需求"转译"成自己专业所需的设计信息，还需要了解对方的专业工作内容（建筑师与业主的跨界合作，详见本章第5节）。如前所述原因，相较其他建筑类型的建筑师，医疗建筑师要掌握的跨专业知识范围更为宽泛。虽然高校建筑学专业本科培养体系中设置了结构、暖通、给水排水、电气等专业的入门课程，对医疗建筑师而言显然远远不够，他们还需要另外了解医学流程、医疗服务组织与管理等方面的内容。

这也是一些国际医疗建筑教育平台由建筑学院和公共卫生学院联合举办的原因。而那些学校里没有公共卫生学院、设置于建筑学院的医疗建筑教育平台，则往往会邀请医学和公共卫生管理等专业人士开设一些固定课程。

除了医疗建筑教育中提供的跨专业教学内容，有很多成就斐然的医疗建筑师，在工作之余积极学习协作伙伴的专业内容。例如，我国医疗建筑设计领域的泰斗黄锡璆博士的案头总摆着大摞的医学书籍，他经常翻阅这些书籍、了解最新医学进展。蜚声国际的医疗建筑领域著名学者、循证设计概念定义人、美国得克萨斯州农工大学健康系统设计研究中心的柯克·汉密尔顿（D. Kirk Hamilton）教授，更是在六七十岁高龄，花费 7 年心血在亚利桑那州立大学（Arizona State University）的护理及医疗创新学院（College of Nursing and Health Innovation）攻读博士学位，深入学习研究 ICU 病房护理流线等跨专业内容。

除了跨专业的设计协作，同专业内部也同样需要开展设计协作，这种协作与前述协作相比，需要更多的团队合作意识。我在不同工作场合，听到次数最多的人才录用要则是这条：有才华但不具备团队合作意识者，不能用。在访谈某建筑设计公司总裁时，为强调从团队需要出发做事的协作精神，他举例说："如果一个设计项目急需一个画楼梯的人，不管我做到多高的职位，我都可以立即上手去画楼梯。"

在设计实践中，我遇到过这样一位极具团队精神的建筑师，也在主讲的《建筑师业务基础》课堂上向很多学生讲过她的故事，姑且称她为张工。那是我在攻读博士学位期间，与某设计单位合作进行的约 4 万平方米的医院设计投标，因各种原因致使实际的设计时间非常紧迫：在两周时间内完成全部工作。

在最初的方案构思评选中，和我同龄、同样年资较长的张工设计的方案落选了，我的方案被选中作为投标方案往下深化，鉴于我刚刚加入团队，对团队其他成员、工作环境都还不甚熟悉，张工看到这个状况，毫无负面情绪，主动担起了设计团队的组织工作。她梳理深化设计工作量，匹配团队成员，分解并分配工作，制定工作计划并协调成员间工作接洽，控制整体进度等，好让我把精力专注于方案设计本身。

在她的组织下，方案深化工作有条不紊地完成了。在前去现场交标的途中，张工还不厌其烦地协助我一遍遍进行汇报演练，指出问题，帮着修改完善 PPT，在大家的共同努力下，项目最终中标了。张工精准的自我定位、积极主动承担工作的职业态度、出色的项目组织与协调能力给我留下了深刻的印象，她也很快被公司提拔为管理人员。

这个事例也说明了，设计实践所需的人才，包括各方面、各层次人才。建筑设计实践既需要有思想，有创造力，有扎实技术的建筑师，也需要具有管理能力、服务能力的建筑师；"需要既脚踏实地，又能仰望星空的建筑师，需要有兴趣爱好、工匠精神、团队精神、能干会思考的人才，也需要有理想情怀、经营精神、批判精神的人才，最高的是，有创新精神、领军精神的人才等"。❶ 前文中的张工就属于管理型人才，对自己有清晰的认识、找对了自己的工作位置后，成功是必然的。

此外，团队合作中难免出现付出不均衡的问题，需要大局意识和包容的魄力。有次在深圳一家知名医院中参观时，请了当地某设计院建筑师刘先生担任向导，看到他对该医院设计如数家珍，且为自己参与其中自豪满满时，我不禁好奇地问他："我最早见到这个项目，是在一家美资设计公司的宣传页上，所以一直误以为是这家设计公司的作品，而实际上却是你们设计院的作品，这究竟是怎么一回事？"

刘先生给出的解释令人震惊，让我对建筑师具备专业能力之外的其他"成事"能力又多了新认识。原来，这家医院当初面向国际进行的设计招标，要求参与设计竞标者必须是国外设计公司与国内设计单位的联合体。刘先生所在的深圳某设计院与我知道的那家美资公司组成了联合体，合作投标。但设计过程中，因双方意见不一致使设计进度严重拖后，眼看无法完成了，紧要关头，为了避免扯皮内耗，拿到设计权，

❶ 张兵 等."实践中对建筑教育的思考"主题沙龙 [J]. 城市建筑 . 2017, 12: 7.

更好地服务地方，刘先生所在单位领导果断向美方设计公司提出，接下来的设计工作全部由他们这家国内单位来完成，美方可以不再做任何设计工作，但美方所有权益仍按原定合约执行，如双方都有作品署名权、美方按合约收取既定费用等。就这样，刘先生所在国内设计单位单独完成了剩下的全部工作，所设计的方案也得以中标实施，成了业内范例之一。

为了专业之间及内部更好地进行协作，除了上述内容，医疗建筑师还需要具备全局观，避免知识碎片化。有了对设计与建设全过程的深入认知，对在手的局部工作就有了安放的体系"地图"，对自己手上的工作和其他专业、专业内部他人工作的衔接就有更好的理解；遇到问题，也能从项目整体角度沟通解决。

如何获得全局观呢？常有人说，若想对设计实践有完整认识，得从头到尾参与多个实际项目。所谓"从头到尾"，即从设计前期、方案设计、初步设计、施工图到现场配合，直至完成施工配合等这一完整过程。对于其他类型建筑来说，建筑师工作 2～3 年也许足以透彻掌握，但对医院建筑而言，这种全过程参与的综合医院设计项目，至少要做足 5～6 家才能掌握。

设计团队协作是一种基于设计师独立自主的"互赖"（interdependence）关系，通过展开合作，实现统合综效。如果不能真正理解设计协作，就不能积极看待自己在团队中分配到的工作任务。有的建筑师因为分配到手的工作是为别人的设计方案画楼梯、画厕所而不认真工作；有的设计院实习生经常向人抱怨做的很多事情都没有意义，这些消极的情绪，正是源自对设计实践的片面理解。

设计合作分工时对不同工种以"高低贵贱"态度区别对

待的做法影响了用户的使用体验。例如，医院建筑设计中的卫生间设计往往会交给刚参加工作的助理建筑师（或助理工程师）进行设计，他们本来就缺乏设计经验，如果再不认真对待卫生间设计工作，结果可想而知。在北京多家医院调研时，我们发现很多近年来新建的、由医疗建筑设计专业公司设计的优秀医院建筑中，大量人群常用的卫生间却存在不少设计问题，严重拉低了人们的就医体验。常见问题有：卫生间空间狭小，功能设置粗糙不合理，男卫生间小便区视线遮挡不当，蹲便区设置台阶且与隔间门位置衔接不当致使多人摔跤，空气流通不畅气味难闻等。

在教学工作中进行设计院回访时，我遇到一位中国建筑设计院有限公司的明星建筑师，即使获得了"全国工程勘察设计大师"称号，有"青年建筑师奖"等无数荣誉加身，他也坦诚日常工作中 75% 的时间都不是在做设计，而是在写材料，填表格，组织会议，协调解决团队中的问题，操持图纸盖章事宜或制作汇报文本等。他表示，这些枯燥琐碎的事情虽然看上去很没意义，但却都是项目实施不可缺少的，是设计实践的组成部分。在美国访学时，做讲座的一位美国建筑师也笑称，建筑师最需要的是写作能力，她发现，工作后她写作的时候比画图的时候要多得多，因为有太多汇报材料、进度报告、变更说明等材料要写！

总之，就建筑学专业所能选择的职业范围而言，从事医疗建筑设计远非世俗意义上轻松易挣钱的那种好工作。相信很多建筑师投身于医疗建筑设计，是有一种"这份工作需要我"的使命感在里面的。正如《当呼吸化为空气》（When breath becomes air）一书作者回答他为何选择辛苦的神经外科医生这一职业时所说的，他不会把它视为一份谋生的工作，而是视

为回应冥冥之中的召唤去做的事情，否则，这份工作就太糟糕了 ❶。

5　与客户有效沟通，开展跨界合作

"大多数职业的从业者都有一个需要服务的特定客户：医生对其患者，律师对其当事人，人类学家对其研究对象。"沃尔特·哈林顿在《叙事记者的伦理守则》中如是说。在设计公司工作，没有什么比服务客户更重要。

那么，谁是医疗建筑师的客户？医疗建筑师的客户非常复杂，除了大家默认的业主——支付设计费的建设方（通常是医院方），其实使用医疗建筑的人群、所在的设计团队都是医疗建筑师的客户，对他们乃至于对自己都要保持忠诚。

服务的"客户"群体越多，潜在的利益冲突也就越多，——比如业主个人偏好与医疗建筑师的职业理想会时不时有冲突，医生提出的诊疗流程与院长负责的安防管理会有冲突，医院的管理方式会与病人及家属的使用需求有冲突等等。

无论冲突为何，建筑师的设计工作都要对业主适用。建筑师从事的工作属于建筑市场的一部分，身处市场体系中，建筑师设计建筑时既有个人化表达的成分，也有面对业主和市场，用金钱、权力和人脉来推动建造的成分。

维特鲁威所著《建筑十书》中说，"一般来说，建筑的经营都必须做得对各自的业主适用。" ❷ 这一事实洞察至今有效。在一项对纽约 152 家设计公司及其建筑师进行的调研中，对"你们如何给成功的方案下定义？"一题的回答中，排在前列的答案仍是方案对业主的适用性（表 2-1）❸。

但是，建筑师的设计工作要对业主适用，并不意味着一

❶ Paul Kalanithi. When Breath Becomes Air[M]. New York: RANDON House, 2016.

❷ 维特鲁威. 建筑十书 [M]. 高履泰 译. 北京：知识产权出版社，2001.

❸ 刘云月，马纯杰. 建筑经济 [M]. 北京：中国建筑工业出版社，2010.

设计公司的负责人评判"成功工程"的准则（根据 77 人的调查结果）　　　　表 2-1

准　则	第一栏	第二栏
	提到此准则的（%）	强调此准则的（%）
1. 财政上成功；按进度出图；不超过预算；高效率	68.8	18.7
2. 业主满意	64.9	25.3
3. 满足美学要求，有诗人的建筑气质	49.4	16.0
4. 坚持了设计的目标（答问也内含美学的准则）	36.8	10.7
5. 个人满意	31.6	6.7
6. 合乎逻辑、合乎功能（答问也内涵技术的准则）	28.6	2.7
7. 为人们的需要服务	25.0	8.0
8. 与委托人保持良好关系；与房主和承包商之间没有重大问题	31.1	1.3
9. 对建筑思想有贡献；被专业人士所承认	13.0	0.0
10. 工程设计按使用需要而改进	6.5	1.3
11. 工程设计保持着感人的力量	5.3	0.0
12. 建筑师在构思上没有作让步	4.0	0.0
13. 工程设计表明了建筑师如何改善使用者的生活；它使业主和使用者受到教益	3.9	0.0

味的盲从。在此，以医疗建筑师与业主——支付设计费的建设方（通常是医院方）沟通为例，谈谈与客户的有效沟通。医疗建筑师与医院方的沟通，本质上是不同领域的跨界合作，即建筑学领域，与医学和管理学的跨专业合作。

医疗建筑学者柯克·汉密尔顿（D. Kirk Hamilton）先生在他的文章《此领域为专家，彼领域成菜鸟》（Expert in My Domain; Beginner in Yours）中对这种合作有精彩论述。他认为，在合作状态下，团队的专家们需要做出共同的决策、行动，采用共同的评估标准等；这样一来，各领域的专家们难免会遇到自身难以置喙的议题，也会失去在本专业领域内游刃有余的舒适感。这时，专家们能否放下身段认真地倾听与学习，将决定团队合作的成功与否。

有合作思维的专家更愿意团队中的每一位成员都能发挥

个人的特长和专业能力，从而达到专业互补的效果，这样更有利于跨界合作的成功。我非常赞同柯克先生的观点，在合作沟通时，双方把遇到的问题分门别类，"凯撒的归凯撒，上帝的归上帝"，分别交给所属领域的专业人员主导，避免在不熟悉的领域置喙。例如，在建筑物的运营管理方式上应多聆听业主的建议；在实现功能服务的空间组织上则应尊重建筑师的意见。

跨界沟通中，采用有效方式表达，让对方能够理解自己专业领域的内容也很重要。例如，建筑师习惯使用图示来表达方式沟通，但建筑平面图纸却并不能完全被医护人员理解，——这很自然，要知道，建筑学专业的学子也是通过 1~2 年的测绘、空间认知和制图学习，才能在头脑中建立建筑空间与图纸信息的关联。那么，如何让医护人员了解建筑师的设计意图，确认设计是否符合他们的使用需求呢？

有的建筑师为此采用了更具可视性、可体验性的方式。例如有荷兰建筑师在设计手术部时，通过三个步骤跟医护人员沟通，第一步：打印 1∶20 的设计图纸，与医护人员明确手术部各房间所需物品的尺寸；第二步，建立 1∶10 的简单三维模型，建筑师与医护人员可以用来模拟手术部各房间的实际使用状况；第三步：针对重要用房（如手术室等）建造 1∶1 的实体模型，医护人员能够走进其中模拟实际诊疗活动，以检验吊塔位置、床位摆放、转弯空间和监护视角等细节。通过这些沟通，最终敲定设计方案。❶ 图 2-5 为作者在美国休斯敦 FKP 建筑师事务所拍摄到的建筑师与医护人员沟通设计时所采用的简单三维模型。

有时医院方也用简单的图纸向建筑师表达设计需求。医院方有些使用需求（如流程、区域相邻关系、房间开口位置等）用图示语言表达直观又准确，如果医院方能用简单的图示表

❶ 张春阳, 彭德健. 全面人本理念下的荷兰医院建筑设计 [J]. 新建筑 . 2019, 02: 86.

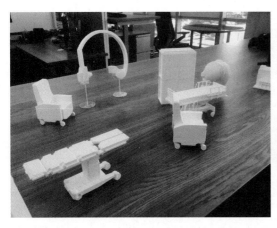 

图 2-5　简单三维模型及空间布局示意

达的话，跟建筑师沟通起来就比较方便了。我在与医院业主进行设计沟通时，常常请对方提供表明各科室使用需求的流程示意图，形式不限。这些没有受过专业制图训练的医务工作者提供的图纸，大小参差不齐，表达方式各异，有手绘的，有用 WORD 软件绘制的，还有用 PPT 软件绘制的。虽然这些图完全没有尺度概念，图示语言也五花八门，但建筑师们读懂这些图，用来进一步沟通基本没太大难度（图 2-6）。

图 2-6　山东招远人民医院提供的设计需求图纸和现状示意图

在与医院方确认需求、敲定设计细节的过程中，建筑师可以从中学习鲜活的医院使用知识，积累宝贵经验。比如从

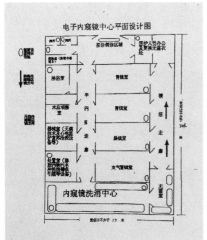 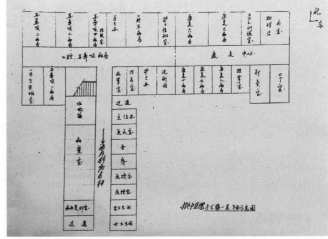

医院方了解诸如医院运营需求等，其中大量的隐微知识（Tacit knowledge）是教科书或设计指南中没有的。建筑师们就是这样，在一次次"实战"中被医院业主们"培养"成为一名经验丰富的医疗建筑师。

比如，有的业主提出了人性化设计的细节需求：我在做河北大学附属医院设计时，医院方提出内窥镜室专门设置一个苏醒间，供做完内镜检查等待麻醉药效消失的患者使用；还提出在手术部里为清洁工提供一间可以休息、储物的清洁员室等。再如，有的业主提出了本土化需求：天津某综合医院业主要求在住院部选用防滑地砖，而不是采用国际上常用的 PVC 地面，业主解释说，这是由于当地人讲究人情世故，来住院部探视、陪护患者的亲友很多，这样一来，地面磨损大、维护难度很高；另外，医院很难真正做到全面禁烟，过去使用 PVC 地面的地方经常会被烟头烫得斑斑点点。此类现象我在北京等地多家医院也看到过。

业主与建筑师之间的沟通也不都是顺畅的。意见相左的时候，争执的内容可以小到墙砖和窗户玻璃的颜色，也可以大到医院院区的规划布局。遇到这种情况，需要分析业主要求合理与否，之后，尽可能采用专业设计手法满足业主的需求或引导业主采纳更为合理的专业性建议。

以建筑外观的色彩争议为例：作者担任建筑设计主持人的三家医院改扩建设计项目，分别位于北京、江苏、河北，最初的外观设计基于医院周边社区环境特点，采用了灰色和米黄色，但最终实施时，这三家医院的业主却都不约而同地选用了砖红色饰面砖，弃用了我的设计。看到这三家医院最后建成的模样，同事还以为是由于我偏爱红砖的缘故。仔细分析一下背后原因，不外乎两点：第一，业主希望能使用大众喜

爱的"喜庆"色彩——红色，规避民俗中的"丧气"色彩——深灰色和白色；第二，红色建筑可以在周边的浅色、灰色背景中突显，成为所在区域的标志建筑。

考虑到业主改用红色外墙砖，是基于经营考虑，建筑师可将之视为医院建筑设计的本土化需求，接下来可以帮助业主确定色彩合适的红色饰面砖及其材料性能与肌理，根据面砖尺度设计建筑外观细节，处理好虚实比例关系等，把医院建成在环境中容易辨识、易于寻找的"标志性"建筑。

有时业主所提要求有违适用性，这类要求着实考验建筑师的专业素养、沟通技巧和耐心。如要求建筑师将层高较高的住院楼邻近主要的市政公路布置，而人流量较大的低层门、急诊楼则布置于医院院区之内，并直言，自己花钱建楼，就要看到高楼大厦，所以不能藏在后面；还有业主坚持要求将透明的窗玻璃改为蓝色玻璃，即使这样会干扰医生的诊断，业主也仍然坚持己见。

还有更让人意想不到的情况，业主的奇葩想法让人如鲠在喉。例如，有次在经济不发达地区参加招标现场交流时，业主明确要求建筑师要将医院大楼设计成元宝形，此外别无他求！我们落选了，中标的那家真做了活灵活现的元宝，而且照图纸丝毫不差地建成了，至今，在该医院网站上，还能看到它金灿灿的实景图，这栋楼在总平面中的轮廓就是一个逼真的元宝。当我与别的常做医院项目的建筑师交流时，发现提出这种奇葩要求的业主还不止这一家。

如果说建筑外观色彩和造型等这类审美方面的问题，的确主观性很强，在与民族的传统文化心理冲突时，建议综合考虑当地业主的建议，条件允许时，考虑民众的感受。但是，凡涉及专业理论已辨明的设计导向，设计研究已证明的有效设计手法，设计法规规定不能逾越的条文标准，建筑设计必须遵从的结构设计、设备设置与建造规律等，建筑师应该有所坚持，说服业主接受自己的方案。

说服业主接受自己的建议需要掌握一定的沟通技巧。我也是工作后经人提醒才发现自己在沟通方面存在问题，幸好可以在工作中进行自我训练、逐步提高。那是我刚参加工作不久，一次工作会议后，有位医院院长私下对我说："你的专业意见说得非常好。但是我给你个小建议，你不妨多留意一下你们总建筑师的发言技巧，看看她是如何既摆明了观点又让对方乐意接受的。"在这位前辈善意提醒下，我才注意到说服对方仅有专业水准还不够，还要具备一定沟通技巧，让对方乐于接受才可以。

这里有个好办法供大家参考。我在美国得克萨斯州农工大学（TAMU）健康系统设计研究中心（CHSD）访问学习时，借着课堂交流的机会就这个问题请教了柯克·汉密尔顿老师："您在工作中，有没有遇到过业主不采纳建筑师专业建议的时候？该怎么办呢？"

柯克老师是位成功主持建筑师事务所多年的资深医疗建筑师，他先回答说在美国的工作中没遇到过这种情形，当他在发展中国家工作时，会先深入了解当地的做法，避免自己的建议太过不切实际而不被当地业主采纳；最后他想了想，补充说，如果他遇到这种情况，就把自己的想法用语言的艺术"打扮"成业主的想法，比如在与业主沟通过程中，可以利用重申（总结）对方想法的机会，把自己的想法偷偷"伪装"成对方的想法，并加以夸赞："我理解，您刚才说的是这个意思吧：……（这里塞进加入自己的想法），我觉得您的想法真是太专业了，太棒了！"

　　考虑到建筑是社会的物质化表现，建筑师可以接受一些无伤大雅的妥协。建筑设计上为业主的某些偏好所做的妥协，可视为社会历史进程中社会观念的碎片在建筑中的具象化表现，这为理性的建筑设计添加了一点感性，设计也变得更为有趣和生机勃勃。医院业主通过招投标确定设计方后，基本能寻找到与自身建设意图相匹配的方案，在之后的设计深化过程中，业主和建筑师的总体方向会是一致的，争论大多在细节之处。

　　简·雅各布斯的《美国大城市的死与生》、詹姆斯·C·斯科特的《国家的视角：那些试图改善人类状况的项目是如何失败的》、文丘里的《向拉斯韦加斯学习》等书中都描述了一些在实践中失败的"乌托邦"式设计案例，赞美了那些自发生成的平民建筑或城市环境，表述了它们的生机勃勃与合理之处，并呼吁专业人士反思和学习。医疗建筑领域，那些因建筑师的妥协在医院建筑上留下的人文印记，写就了一部医疗建筑社会史，使之成为那个巨变年代的物质载体，其历史价值已远远超过自身的建筑学价值。

　　在与业主沟通合作过程中，建筑师若想顺利获得专业领域内的话语权，一定要提高自身的专业服务水准。出色的专业能力是赢得业主信任的前提，有助于建筑师在设计决策中占据主导地位。例如，作为建筑设计负责人，不论是在医疗功能设置、图纸报审报批、医院建设程序方面，还是在建造难度、运营成本方面，不仅能做到想业主所想，更能做到想业主所未想，这样业主怎能不放心？他也一定会给予建筑师更多的决策权力和调整的余地。

　　作者是通过亲身经历体会到这一点的，那次我发现了那些总能赢得业主尊敬与欢心的医疗建筑师前辈们的秘密：自身强大才能让人信服。那是某次我应邀中途加入一个医院设计项目，设计团队邀我加入的原因是业主"要求多且麻烦"，这是一家新建医院，建筑面积达 10 万平方米，我加入设计团队之前方案设计已经进行了半年，但一直停留在总体规划阶段，业主对多轮方案都不满意。

看了全部方案并了解进展详情后，作者发现之所以进展不下去，是因为设计团队一直停留在"想到业主所想的阶段"，未能达到"想到业主所未想的阶段"，因此，疲于应对业主频频发现的新问题，——修改了急诊部分，门诊流线就出了问题；修改了门诊部分，已设定好的分期建设又无法实施……作者听取了业主的设计需求后，依据同类型医院的设计经验，用了一天时间，拿出了自己的总体规划设计方案。业主看后当即拍板，确定按照此方案深化设计，项目得以顺利推进。

那么，如何做到既能"想业主所想"，又能"想业主所未想"呢？答案是：持续不断地进行开放式学习。柯克·汉密尔顿建议，团队合作时应持有开放的学习态度，对于合作过程中所遇到的未知领域，应该以谦逊的态度去学习，取长补短，以提升自己在新领域的知识水平，这样才能提升自身的竞争力。

除了医疗建筑设计的专业水准，建筑师的敬业与坚守也是赢得尊重、打动业主的根本力量。在残酷的市场竞争环境中，更需要大家共同坚守行业底线。在那次业主明确要求将医院按照"大元宝"设计的竞标中，在等候闲聊时，一家设计团队负责人大义凛然地表示反对这种设计："建筑师不能为五斗米折腰！"然而，最后中标的却正是这家设计团队，他们设计了活灵活现的元宝形"医院"（图 2-7），这是何等的讽刺！看了他们设计的平面图，为把整个门急诊综合楼"塞进""元宝"造型中，不知道浪费了多少面积，给医护人员推车或推床的

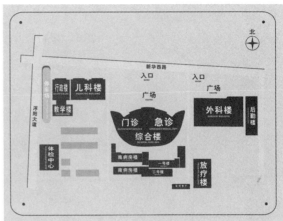

图 2-7　河北某医院设计竞标时院方以外形是否像元宝为决定性因素遴选方案

转弯带来多少不便……

　　有位主持了多家医院设计的建筑师也曾惨败给另一个"元宝",她感叹:"焉知非福!"她认为,即便真的中标,跟这样的业主打交道,后续难以解决的分歧又不知道会有多少。但我认为,建筑师是该保持必要的气节,不过,也更应该反思如何取胜,努力打败那些比你差的人!做一个入世者,积极地用自己的好设计占领市场,这并不容易做到。

　　上述文字仅表明了实践过程中作者认为关键的部分,还有许多必需的知识与技能无法一一囊括其中。早在公元前1世纪,维特鲁威说过,"建筑的学问是广泛的,"如果不尽早积累这些学问,"积累许多文学、科学知识,抵达建筑的崇高殿堂,便急速正经地就任建筑师的职务,我想是不可能的。"❶

　　下章介绍建筑师众多学习方式中常用、简单易用的学习方式:实地参观。

❶　维特鲁威. 建筑十书 [M]. 高履泰 译. 北京:知识产权出版社,2001.

第 3 章

课本在路上，也在解剖室

前页插图：
图 3-1 伦敦诺斯威克公园医院（Northwick Park Hospital）立面图、
北部入口处及内院景象

图 3-2 伦勃朗的《杜普教授的解剖课》

实地参观（甚至体验）已建成使用的设计作品，是学习建筑设计的重要方式之一。这种方式在建筑院校以"建筑调研"的名义贯穿了整个建筑学专业的学习过程。很多建筑大师，尤其是非科班出身的建筑师，如日本的安藤忠雄、法国的勒·柯布西耶等，都曾表达过通过旅行实地观看建筑作品对其职业生涯的重大影响。

正如医学生需要走进解剖室，建筑学专业的学生需要环游世界，课本在路上。而要想学习医疗建筑设计，不仅需要环游世界，还需要走进解剖室，全方位了解医院的使用状态（图 3-2）。

"医院的墙壁比教堂聆听了更多祷告"，生与死，在医院里轮番上演。设计师不敢有丝毫马虎，需要通过实地观察了解医院设计的细微改动对人们行为模式的影响，建筑学者需要通过实地观察来锁定医院设计的使用问题，展开下一步研究。由此，正在运营中的医院成了最佳学习场所之一。

1 三种医院参观方式

医院参观大致可以分为三种方式。第一种是"印象式"参观，时长在 1 ~ 2 小时，大多由医院负责宣传的人员进行讲解，一般不提供设计图纸，少有互动与交流。"走马观花"般的参观，仅仅看到医院表面现象，不能深入了解医院设计的本质。这是很多国内医院建设类会议附带医院参观考察的现状。

第二种是"了解式"参观，时长在 3 ~ 4 小时，大多由医院基建主管人员和设计师负责讲解，提供设计图纸交流的环节。在全面参观后，可以针对重点科室和内容，形成考察报告。国际医院建设类会议、国内少数医院建设类会议、多数医院专程考察多属于此类。

　　第三种是"专题式"参观，时长在3天到1周以上，多由熟知医院发展的基建主管、医院各科室主管、设计师等负责讲解，并结合图纸详细介绍医院设计与建造的过程、医疗功能布局、医疗工艺流程设计、项目亮点、运营数据、使用反馈与调整状况等内容，同时医院方会针对参观者汇总的问题，针对性地组织交流环节。除此之外，考察者可自主参观。在这个过程中，考察者可以发放调查问卷，观察建筑使用者行为，访谈相关人员，形成考察报告、专题论文等。医院建筑专程考察和科研课题调查研究多属于此类。

　　对于建筑师而言，考察中设置建筑使用者访谈环节，更有助于深入理解医院设计，避免设计沦为"闭门造车"的产物。中国建筑设计研究院的林琳女士曾在某次医院现场访谈后发现："有很多东西仅仅是建筑师的理念，医生、护士和患者根本不'买账'，例如，建筑师为了方便患者将尿便标本送检，将检验科的尿便标本采集窗口与厕所之间用传递窗直接连接，但护士反映，这中'连通'设计使医生护士工作的检验科气味很大，工作环境品质下降"。实地调研中常常发现，这种设计在使用时，医院方会把检验科收件和厕所之间的传递窗封堵上（图3-3），建筑师如果不了解这种使用情况，还会把这种做法作为人性化设计细节一次次用在医院中。

　　医疗建筑师和医疗建筑研究者会更青睐于第二种、第三种方式，但考虑到医院管理制度严格，并非所有区域都可以

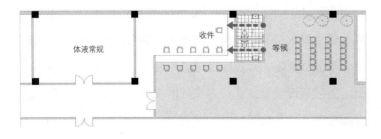

图3-3　建筑师绘制的门诊化验室人性化设计分析图
（附带说明为："紧邻收件设置专用厕所，体液由厕所直接传递至收件厅，方便患者"）

随意进入，只要有机会，不管是哪一种，还是尽量多参观医院。尽管"印象式"医院参观的收获不如后两种方式，但它有助于全面了解我国医院建筑现阶段的情况，避免研究观点的偏颇。

2 医院参观多多益善

实地参观和体验作为设计学习的重要方式，收获多少往往取决于多重因素，例如，主办方是否积极配合将医院真实的一面展示出来，自身是否为参观做足准备等，结果并不可控，所以尽量多地参观医院，收获才能最大化。美国得克萨斯州农工大学建筑学院教授、医疗建筑循证设计专家柯克·汉密尔顿说过，他会抓住一切机会参观医疗设施，不管是出差在外还是出门旅行，这样可以比较不同设计方案的使用实效。

柯克·汉密尔顿教授是从事建筑设计 30 余年后去大学任教的，在医院设计实践与理论研究方面均造诣很深。在从事医疗建筑设计工作时，他认为当今美国医院建筑设计粗糙、仅流于满足基本功能而大多缺乏提升功能品质的细节设计，由此转战高校投身于医疗建筑的研究工作。2010 年，已经 70 多岁高龄的柯克·汉密尔顿开始攻读在职博士学位，为完成博士论文研究，他花费了 250 多个小时，历经 3 个月的时间，亲自在 4 家医院的 6 个 ICU 单元观察护士全天的工作行为、收集数据，以更好地理解护士行为模式如何与 ICU 环境空间进行互动。

除了尽量多地参观医院，同时也尽量充分地做好参观前的准备工作。参观前，可围绕拟定目标针对性地收集一些基础性资料，例如通过医院官方网站或咨询业内人士了解医院的基本信息，或通过研读相关期刊论文了解医院设计与医疗

服务组织等情况；另外，还可以主动联系医院表明参观意愿与目的，争取与医院方共同拟定行程等。

　　作者出差或旅行时，经常顺路看看当地医院作品，一些不得不去的"乏味"会议差旅由此变得令人期待。例如，博士论文研究时研读过世界医院建筑史，因而在法国旅行时就特意跑去参观了紧邻巴黎圣母院、建于 1785 年的巴黎主宫医院；在长沙出差时会到访湘雅医院，到广州开会时到访我国最早的西医院、起源于眼科医局的博济医院；当然，在英国和美国访学期间，更是专程参观了很多当地的医院作品（图 3-4）。

图 3-4　左：法国巴黎主宫医院（建于 1785 年）；右：广州博济医院旧址，现为中山大学孙逸仙纪念医院（创建于 1835 年）

3　掌握观察记录方法

　　如果能够掌握一些观察和记录方法，参观医院的收获会更多，也更成体系。其中观察法既简单又有效，非常值得医疗建筑师们了解掌握，英国医疗建筑研究所（MARU）为此在研究生课程中专门设置了医疗建筑观察法练习环节（详见第 3 章第 5 节）。

　　通过实地观察建筑中人的行为，能够洞悉许多静态资料

（如图纸或照片）难以呈现的设计问题，能够获取许多只能通过观察获取的设计知识。例如，我曾观察到英国伦敦某医疗中心的出入口门斗因两扇自动推拉门间距过近而导致防风无效的现象；这是由于当人进入门斗后，第一扇门仍然会感应到人的存在而不能关闭，但是第二扇门也已经打开，两扇门同时开启则导致防风无效。此类发现就是属于实地观察使用中的建筑物才能发现的问题。

哈尔滨工业大学张姗姗老师在访谈中告诉作者，她在医院中观察到了很多医院设计粗糙的问题，如空间容量不均衡，医院挂号、取药、住院办理处等区域十分拥挤，但是其他公共空间利用率却不高；此外，这些医院虽具备基础功能，对人的情感关注度却不高等。

在多种观察方式中，观察者参与到观察行为中这种方式最适合用于医院建筑设计研究。很多医疗建设领域的同行都持类似观点。如中国建筑设计研究院的林琳女士也认为参观过程中最好以患者角色、医护角色、建筑师角色切换的方式来感受相关的医疗空间是否合理，就医体验是否便捷舒适。同样，在北京协和医院工作的马中文先生也持有同样观点，他认为，参观医院时应以某一患者的角度来到医院感受门诊、医技检查、住院等流程。

在实地参观时，最简单的记录方法是征得医院同意后一边参观一边拍摄照片或录像。没有设计图纸时，建筑师可以通过拍摄医院内张贴的平面示意图更多地了解医院设计。建筑入口大厅常设有楼层功能示意图，电梯口处常悬挂消防疏散示意图，这些图片基于建筑平面设计图绘制而成，可以帮助参观者更多地理解建筑的平面布局。

参观后若能记录感想，对所见所闻进行总结分析，收效

会更佳，这些总结既可寥寥数语，也可长篇大论。参观者通过写作，整理和消化新知识、新观念，将更有助于思维向深度拓展。在总结分析时，值得注意的是医院与医院之间的差异性：不仅国内外医院之间存在差别，国内不同地区、不同类型的医院之间也会存在差异。医院管理模式不同，医院建筑设计也会截然不同。在国外参观医院时，记得了解其社会背景和医疗制度环境等，这样才能做到"知其然更知其所以然"，避免"照搬误用"。作者拙作《荷兰医疗建筑观察解读》（建筑学报，2012-02），就是结合荷兰社会背景的医疗设施实地观察记录与分析，有兴趣者可查阅。

4 在非建筑中"参观"

除了实地参观医院，还可以在其他形式的艺术作品中"参观"。比如看纪录片或电影，观看以医院为故事背景的影像资料。通过看电影的方式了解人们如何使用建筑，是一种可行的学习建筑设计的方法，一些严谨的电影艺术工作者能够真实呈现建筑以及其中容纳的工作与生活，这类资源也十分丰富。

例如，以精神病医院为背景的《飞越疯人院》（One Flew Over the Cuckoo's Nest, 1975）、《赛伯格之恋》（I'm a Cyborg, But That's OK, 2006）、《说来有点可笑》（It's Kind of a Funny Story, 2010）等；以医学院、医院和诊所等为背景的《心灵点滴》（Patch Adams, 1998）、《愤怒的父亲》（John Q, 2002）和《神技》（Something the Lord Made, 2004）等。当然，胆子大的可以看些恐怖片，例如《地狱医院》（Eliza Graves, 2014）和《恐怖杀人医院》（Sublimez 2007）等。

还有一个方式是在小说中"参观"医院，有些以医院为

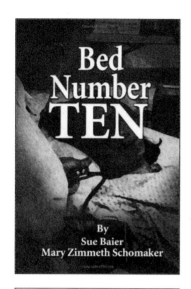

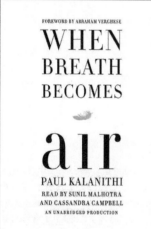

图 3-5 《Bed Number TEN》和《When Breath Becomes Air》（中文版：当呼吸化为空气）封面

背景的作品是作者基于自身经历或是敏锐观察的结晶，行文中穿插有使用医院设施的体验。因此，除了阅读医院建筑主题期刊论文提高医院建筑设计修养外，还可以通过阅读以医院为背景的文学作品来深入理解用户感受。

例如，得克萨斯州农工大学的朱雪梅老师在讲授《循证设计》（Develop Your Evidence-Based Design Vision）的理论课上就推荐大家阅读《十号病床》（Bed Number TEN）（Sue Baier et al, 1986）。该书描述了一位罹患格林 - 巴利综合征病（Guillain-Barre，患者会出现四肢软瘫和不同程度的感觉障碍）的女士在 ICU 中待了数月的患病经历。书中包含了大量对 ICU 的诊疗生活的细节描写。

此外，还可以读一些关于医生的书籍，毕竟他们是医院建筑的重要用户群体之一，也是建筑师在医院建筑设计过程中的亲密合作伙伴。有本医生写的书《当呼吸化为空气》（When Breath Becomes Air）推荐大家看看（图 3-5）。

作为参观方，也许有朝一日自己参与设计的建筑作品也会成为被参观的对象，在"看"与"被看"之间进行角色切换。那就让我们为彼此提供最好的医院参观体验吧。

5　观察法及应用示例

20 世纪 20 年代，"设计研究"概念自包豪斯起源后 ❶，建筑师逐渐倾向基于目的和理性进行设计，而医疗建筑领域早已行动在先——19 世纪中期的欧洲医院建造时已将卫生需求纳入而催生了"广厅式"（即"南丁格尔式"）医院模式。二战后的英国，为使医疗建筑像制造业、农业、医学和经济学等领域一样理性、高效发展，学者们更是积极探索科学研究方法在医疗建筑领域的应用 ❷（详见第 4 章第 4 节），其中

❶ Bayazit N. Investigating Design: A Review of Forty Years of Design Research [J]. Design Issues, 2004, 20.1: 17.

❷ 郝晓赛. 构筑建筑与社会需求的桥梁——英国现代医院建筑设计研究回顾（一）[J]. 世界建筑. 2012, 1: 115, 116.

观察法因简单有效而被广为使用，为此，英国医疗建筑研究所（MARU）还在硕士研究生课程中特别设置了观察法练习环节❶。

观察法最早应用于社会人类学研究领域，指观察者带有明确目的，用自己的感觉器官及其辅助工具直接、有针对性地收集资料的调查研究方法，常用于实际行为和社会交往研究。❷观察研究系统性观察、记录、描述、分析和转译人们的行为，除了主要收集人们行为的视觉资料外，也收集其他感觉（如听觉、触觉或嗅觉）的资料，关注行为的外在环境。

医疗建筑研究者常以旁观者的身份观察，并通常先由志愿者或研究生对观察对象进行初步观察（pilot studies），基于记录筛选成果，为整个观察拟定观察提纲或表格、规定一般程序与要求、建立一个框架结构，由专业研究人士进行最终观察（final studies）。

观察法在医疗建筑设计研究中的广泛应用，与医疗建筑的特性紧密相关。首先，医疗建筑是医疗组织基于规则、条例和管理程序运转、向民众提供服务的物质场所，因此，医疗建筑不仅是建筑物，更是活的有机体；其次，医疗建筑设计研究者面对的除了建筑功能效率，还包括用户需求与感受等，而不是建筑材料或其他可量化计算的事物，其他公共建筑中常用的衡量标准和研究方法在医院建筑研究中不起作用❸；最后，带有主观性的医疗服务、就医行为及医务工作者与患者之间的社会交往等，具有社会学研究意义，大多诊疗过程是可公开的、比较稳定的、可以反复观察的社会现象。总之，对行为研究有效的观察法在医疗建筑设计研究中的应用具备了诸多优势。

观察法在医疗建筑设计研究中还能够扬长避短。比如，虽然观察收集的资料一般不十分精确，只能用作描述而不能用

❶ 基于医疗建筑研究应该在学术环境中进行的考虑，在英国国家医疗服务机构NHS的大规模现代化医疗建设初期，英国1963年在高校成立了MARU这样一家学术研究机构，因此MARU与英国医疗建筑发展一直是紧密相连的。基于研究积累，MARU开设了针对研究生的医疗建筑系统性教育课程，学生来自医疗建筑相关领域，多为在职。

❷ Saunders M N K, Lewis P, Thornhill A. Research Methods for Business Students [M]. 4 ed. Harlow: Financial Times/ Prentice Hall, 2007.

❸ Thompson J D, Goldin G. The Hospital: a Social and Architectural History [M]. New Haven: Yale University Press, 1975.

作推论，但医疗建筑的功能研究、使用后评估要收集的大量用户使用行为记录即为描述性的；再如，观察法常选择典型现象和事物作为研究对象，难以通过全面地、绝不遗漏地观察事物在各方面的表现来洞悉事物本质和规律，但这一特点与医疗建筑研究目的并不冲突，医疗建筑研究往往需要提炼出典型的、能推广的有效方法："有效的方法应当像标尺，不仅可以测度目前项目，也可用于任何类似项目"[❶]；此外，与其他研究方法耗费的成本和时间相比，通过实地观察，研究者可以更简便、快捷地获得建筑使用的实际信息；与问卷调查、访问调查等通过建筑使用者主观作答采得数据的研究方法不同，通过实地观察记录，研究者往往会收集到被访者遗漏或被主观过滤掉的重要信息；在一些研究中，基于专业知识背景，观察者还可以获悉非专业人士不了解或不关注的建筑使用信息。

以英国为例，英国的医疗建筑设计研究中的大量量化研究通过实地观察，用图形和数据记录建筑中发生的行为，为设计收集装备、设备和空间等行为需求信息（详见第 4 章第 4 节）。研究内容繁多，诸如人数、行为对设计的要求、行为或流程内容、行为发生频率、设施或家具的使用情况、空间尺度的使用需求、环境要求等。除了提供建筑师所需信息，观察法还可收集提供排水及机电设备（供暖、空调、电等）的服务要求。

研究使用的具体技术包括频率法（记录观察期内目标行为出现的次数）、持续时间法（记录目标行为持续的时间）、间隔法（将观察期分成相等的时间间隔，记录每一间隔内目标行为出现的次数）、连续记录法（每一观察期内，记录目标所有行为）等。在观察过程中，有时辅以问卷、访谈细目表、社会关系量表等，有的研究还用到照相机和电影机等辅助技

❶ Thompson J D, Goldin G. The Hospital: a Social and Architectural History [M]. New Haven: Yale University Press, 1975.

术手段形象记录医疗服务整个过程。

　　英国早期开展的一项大型研究——《医院功能与设计研究》（NPHT，1955）中就采用了多种观察技术。例如，研究者使用频率法针对病房护理单元的空间和辅助设施使用现状进行了初步调研：观察者在病房平面图上用棉线在钉子（护士去的地方）间拉线的方式记录护士的行为轨迹，生动地展现了床到床之间、病床到不同辅助用房间以及辅助用房之间行为发生的频繁程度（图 3-6）；再如，采用电影机记录日常医疗活动的方式研究病床侧所需空间（图 3-7），为获取量化信息，拍摄时在床头摆放时钟计量行为时长，地板分格为 1 英尺（0.3 米）见方计量行为的空间尺度；此外，在研究手术室和门诊建筑空间使用情况时（图 3-8、图 3-9），使用了持续时间法、连续记录法等观察技术。❶

　　之后，观察法在英国国民卫生保健机构（National Health Service, NHS）1965 年后开展的一系列"建设评估"和"用后评估"（Post Occupancy Evaluation，POE）中发挥了巨大作用，20 世纪 70 年代又在 MARU 为当时的新机构——社区医疗中心的建筑设计开展的研究中所采用，将医疗服务内容、职工分类数据等转译为建筑设计所需的行为模式和人际关系信息。在 MARU 开展的一系列昂贵的空间利用研究（Space Utilization Studies）中，观察法在医院实际使用情况的调研中发挥了优势；NHS 主导的针对医院室内外安全问题的研究中，使用了间隔观察法，研究者根据观察将医院建筑空间分为静态与动态使用空间，并据此对空间使用方式与犯罪率的关联性进行了分析。

　　观察调研成果影响了英国诸多现代医疗建筑设计观念的形成。例如，医疗建筑师的关注点应从设计诸多房间转向安排行为空间、分析行为空间尺寸以及配合其他专业协同安排空间的功能细节等；"空间利用研究"引向了用于不同时段、

❶ Nuffield Provincial Hospitals Trust. Studies in the Functions and Design of Hospitals [M]. London: Oxford University Press, 1955.

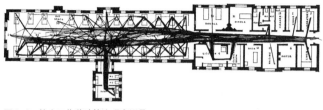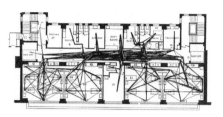

图 3-6　护士工作移动轨迹观察记录

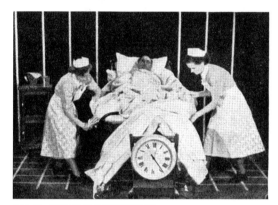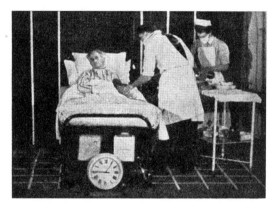

图 3-7　病床床侧服务空间观察记录

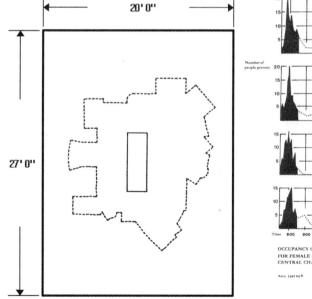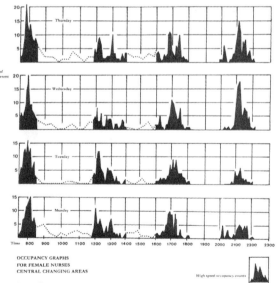

图 3-8　手术室施行 22 例手术时设备所在位置的外轮廓　图 3-9　女护士更衣室负荷观察记录
观察记录

多功能医疗建筑空间的设计 [2]，用于减少医疗建筑的建设与运营费用等。

英国医疗建筑研究所（MARU）的观察法练习环节，设置在为期一周的硕士研究生课程"制订病患中心式设计任务书"（Project Briefing For A Customer Focus）内。该环节要求学生在择定设施内独立完成 2~3 小时的实地观察，了解运营原则、人群行为与空间设计间的关系，收集建筑使用信息等，并据此拟定设计任务书，并以 3 分钟演讲汇报、最多辅以 4 张幻灯片的方式提交最终成果。

练习要求学生对行为进行观察，而非对建筑空间进行观察。"行为"与制订设计要求密切相关。"行为"既可以是单一空间的单一行为，也可以是一个人通过系列空间序列发生的行为序列。同时，为获取建筑使用需求信息，观察者应当记录时间序列中发生的事件、行为时长、人群类型，及设备、家具、环境等行为相关信息。在此过程中，应注意以下几点：

第一，勿偏离练习目的。学生无需评估该建筑的成败，而是基于观察将用户需求转换成设计指南，需要对使用后评估（与改善现有状况有关）与行为分析（运营方式或者工作流线对设计的要求）两个不同概念有清晰区分，后者引向任务书制订和设计信息汲取。

第二，保证客观观察。比如，只有在绝对必要时才询问工作人员，因为通过观察获取的信息比询问更可靠。此外，注意别让已有专业知识影响观察过程；观察者在设施内不能干扰其日常运营，如不能遮挡护士监护视线、阻挡用户通行或物流运输等。

第三，在思考中观察。比如，医疗设施的一个"典型"工作日有哪些内容？哪种建筑空间实现了经济效益最大化？

思考建筑设计关注的安全性、私密性和对人的尊重这些关键内容是如何实现的？

在 MARU 访问学习期间，我参与的观察练习安排在伦敦近年（2006～2011 年）建成的 8 家提供社区初级卫生保健服务的医疗设施内（图 3-10），这些建筑规模不大，功能内容相对简单，总建筑面积多为 3000 平方米；一般由全科医生、健康访视人员、地区护士、儿童听说康复治疗、牙科和产科等诊疗、办公用房组成。

此次观察练习是在目的明晰、观察对象信息充足的基础上，预先制定了观察记录表格的有结构观察，属于对观察对象有所选择的重点观察方式，采用了非参与型的直接自然观察，对观察对象（时段、人物、行为内容等）进行随机选样。

通过设施观察，同学们获取了丰富的设计信息。比如，从事医院护理管理工作的迪尔德丽·康恩（Deirdre Conn）同学在对格雷斯菲尔德花园医疗中心（Gracefield Gardens Health Centre）的观察分析后，认为预约门诊的空间流程需要密切考虑病人留取尿样的就诊过程进行设计，还得到了打印化验单

图 3-10　观察练习设施之一，英国沃尔德伦医疗中心

的机器需要与接待桌毗邻设置、在等候区设置婴儿车停放的充裕空间以及标识设计须改进处等设计需求细节；身为医疗建筑师的马克·莱文森（Marc Levinson）同学在阳光之家（Sunshine House）的观察分析中，得出了该建筑空间尺度适宜、设置的灵活性空间非常受欢迎的结论，但后者必须建立在该建筑的日常患者及其陪护者对该建筑及工作人员非常熟悉的提下。

　　篇幅所限，下面摘录作者在沃尔德伦医疗中心的部分观察记录与最终形成的任务书，作为从观察练习到设计任务书拟定的示例。

　　沃尔德伦医疗中心是英国为数不多的大型初级卫生保健服务设施之一，总建筑面积6000平方米，曾获2008年英国"优秀医疗设施建筑"中的"最佳初级卫生设施设计"奖。对中心的观察时间为3月某个周三上午，时间分配如下：9:30 ~ 10:00，观察设施与市政环境的衔接处，侧重于思考医疗中心的易达性（accessible）设计；10:00 ~ 10:50，观察入口接待区，侧重于对入口负荷、人群类型及行为的了解；11:00 ~ 12:00，观察首层全科诊室候诊区，侧重于理解就诊人群的行为序列（图3-11）。

　　沃尔德伦医疗中心在观察侧重的三方面内容中充分体现了医疗建筑设计的宜人性、私密性和对用户的尊重原则。易达性表现在市政交通便利、建筑采用多种地标性设计手法易辨识以及设置有各类停车场且与各自的建筑入口便捷联系。入口大厅的接待台负荷适中，无排队现象，大厅交通组织明晰，与电梯、楼梯和多条有明确标识的走廊连接；布置了组团式等候椅，公共卫生间、公用电话和咖啡吧与等候区相邻。在全科诊室候诊区，除了等候椅和候诊咨询台，还设置了卫生间、饮水处、儿童游戏区和哺乳室；等候区负荷适中，最多时有11人，同时有12辆婴儿手推车，共占据约80%空间；座椅相对布置，家庭间自然交谈。

图 3-11　上：交通入口分析，主入口；下：人群类型分析，就诊行为分析
（注：①城铁站，②主入口，③次入口，④入口广场，⑤首层架空停车场，⑥观察点——入口大厅，⑦观察点——全科诊区之一；A　推婴儿车者，B　有助步工具者，C　有陪同者，D　单独来访者）

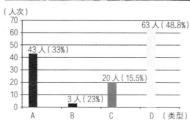
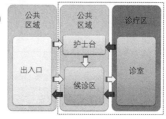

然而，精心设计的沃尔德伦医疗中心仍存有使用问题，且这些问题非通过使用观察而难以发现。一是前文说过的主入口门斗防风失效的问题：因门斗的两扇自动推拉门间距不够长，人进入门斗后，第一扇门仍能感应到人而未关闭，而第二扇门感应到人也已打开，出现两扇门同时开启的现象，不能防风。二是入口处有人滑跌，这还是在观察当日为晴天的状况。三是在主入口室内，有行动不便者乘坐的三轮电瓶车和婴儿手推车停放，堵塞了入口（图 3-12）。四是全科诊室等候区有儿童玩垃圾桶及饮水机，易发生危险；有两位母亲（母乳 1 例，奶瓶 1 例）在等候区而非哺乳室为婴儿喂奶。

作者基于观察分析的设计任务书（部分）如表 3-1 所示，在设计建议部分已将现状使用存在问题纳入考虑。

医疗建筑设计需要与医学和社会的发展变化保持同步，"欲察明发展趋向，必先了解现状"，观察法正是了解现状的快捷有效方法。但要注意，观察法用于降低脱离实际使用"乌

图 3-12 左：门斗间距不够，不能防风；中、右：入口处未考虑室内停车需求

医疗中心入口设计任务书 表 3-1		
	功能要求	设计建议
停车	为来访者、职工与残障人士设置停车场所（数量略）	停车场地设置与建筑入口联系方便，在不同入口附近设置不同类型停车；考虑在主入口为残障人士使用的电瓶车、婴儿车设置室内停放空间
建筑易达性设计	标识：建筑在社区中醒目可见；建筑外观有导向性	可结合入口广场与标识设计，采用地标式建筑设计手法；建筑外观与内部功能有相关性；标明 24 小时服务及夜间服务部门
	出入口：便于卫生安全和管理	结合周边道路，为来访者、职工、供给物流和废弃物流分设出入口
	门：便于通行，能有效挡风、雨、噪声、尘土等	在采用自动门时，注意门斗的深度需令两扇门不能同时开启；为行动不便人群提供通用设计 ❶

托邦"式设计出现的概率、用于非观察不能取得的设计经验，观察不能取代体验。

　　本章介绍了可以用来开展简单医院建筑设计研究的方法——观察法，也介绍了一些通过实地考察医疗设施来学习医疗建筑设计、帮助形成设计任务书的方法，下一章进一步谈谈设计研究，并介绍一些针对医院建筑设计中常见问题开展的研究。

❶ 通用设计，也称"普遍适用性设计"或"普适性设计"，参见：塞尔温·戈德史密斯. 普遍适用性设计 [M]. 董强，郝晓赛译. 北京：中国水利水电出版社，2003.

第 4 章

医疗建筑研究：通过社会需求的桥梁

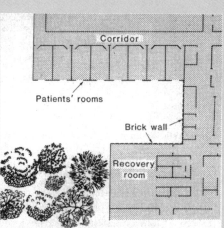

1 我们为何要研究医疗建筑

医疗建筑的优劣，与每个人休戚相关。苏珊·桑塔格在所著的《疾病的隐喻》中谈到："每个降临世间的人都拥有双重公民身份，其一属于健康王国，另一则属于疾病王国。尽管我们都乐于使用健康王国的护照，但或迟或早，至少会有那么一段时间，我们每个人都被迫承认自己也曾是另一王国的公民。"当我们暂居"疾病王国"时，就免不了与医疗建筑打交道。

尽管"疾病王国"与人类历史一样悠久，但近现代意义上的医疗建筑直到 18 世纪晚期才开始在西方国家出现；19 世纪中叶随"医务传教""移植"到我国（图 4-2）。当代，医疗建筑被视为人类社会三大福利设施之一（另外两个分别是居住设施和教育设施），广受各国政府重视；医疗建筑不仅为医生提供了救治病人的便利场所，也为社会提供了隔离传染病患、保证公共安全、开展医学教学活动和医学研究的场所。

图 4-2　早期西方医师诊治中国病人场景

要知道，医疗建筑的好与坏，不仅影响"疾病王国"居民的心情，还影响他们康复的进程。1984 年，美国得克萨斯农工大学的罗杰·乌尔里奇（Roger Ulrich）教授在《科学》（Science）杂志上发表了历时 10 年的研究成果《窗外景观可影响病人的术后恢复》（View through A Window May Influence Recovery from Surgery）❶。根据随机对照试验，他发现医疗建筑环境设计的优劣对患者的住院时间、所需止痛药的强度和剂量造成影响，即病房窗外有自然景观的患者比窗外只能看到一堵砖墙的患者所需的康复时间更短！

《科学》杂志是世界公认的四大顶尖学术刊物之一，与《自

❶ Ulrich, R. View through a window may influence recovery from surgery [J]. Science. 1984, 224: 420–421.

然》（Nature）、《细胞》（Cell）等并列；研究建筑的学术成果能发表在《科学》，到目前为止，实属孤例，堪称"前无古人，后无来者"。这篇文章的发表，不仅开创了医疗建筑的循证设计时代和康复环境设计时代，此后，医疗建筑师的设计工作也被赋予了更高的价值；医疗建筑被赋予了更高的期望，它不仅要提供高效率的医疗服务场所，还要提供减轻病人压力、帮助病人康复的疗愈环境。

在医疗建设活动中，人们不断遇到各种问题，比如，医院建成后因需求变动开始不断更新改造，如何减少这种情况呢？医院建筑如何减少能耗？如何用更少的费用建造能提供同样医疗服务内容的医院？面对多组设计方案，如何评判设计优劣呢？等等。要想回答这些问题，就需要像罗杰·乌尔里奇教授一样，运用特定的科学方法，通过研究医疗建筑的发展史、研究使用实效等来探寻答案。

例如，英国的医院建筑评估发展就是源自对实践的质疑——许多人怀疑医院规划设计的实际效果，但是很少有人去验证、研讨这些想法。为此，英国政府从 1965 年开始在全国范围内展开了对医院系列性的评估工作，以检验医院建筑设计的实效性。作者主持的国家自然科学基金资助的研究项目《城市综合医院预防犯罪设计方法研究》，就是针对医院设计未将医院运营的安防管理需求纳入、导致实际运营中出现的使用问题展开研究。

在日常生活中，人们多依靠常识做事，这些常识可以通过经验积累与学习习得。但"科学技术是第一生产力"，要想在很多专业领域获得长足发展，就必须开展研究。例如医疗领域，许多众所周知的伟大成就都是建立在大量科学研究基础之上，法律甚至还规定了药物公司在新药上市之前必须开展一系列严格的试验和研究，以证明该药物安全且行之有效。在 20 世纪 70 年代，英国流行病学家阿奇·科克伦（Archie Cochrane）就曾大力提倡使用严谨的研究方法、可靠的科研数据进行医学临床实践，并在此之后的 20 世纪 90 年代，"循证医学"（Evidence-Based Medicine）也成为了专有名词出现在大众视野。

由于医院建筑具有用户群体特殊、功能性强、全寿命周期内四季不停休、24 小时持续运转等特征，因此一家医院不仅仅是一栋建筑物或是一项建筑设计作品，更是一个鲜活的有机体。它由"一群人"运转，为"另外一群人"提供服务，而后者多数是身心虚弱的患者，或因亲人病情焦虑不安的陪同者。所以，我们常见的建筑学衡量标准在医院建筑中失灵了。

在当代，仅凭借常识等经验积累的"非理性"的建设方式已不足应对大型综合医院运行低效、能耗高涨、改造不断或安全事故频发等问题。因此，为医院建筑设计提供有效信息和方法，围绕医院建筑、设计过程、建设体系的系统性调查和遵循特定的认识论、方法论的科学研究走上历史舞台。

当代发达国家医疗建筑基于设计研究理性发展着（详见本章第 4 节相关内容）。表 4-1 所示为美国学者给出的循证设计不同层级，我想，国内大多数建筑师应争取做到 1 级水平，这样不仅有利于自我发展，也有利于医疗建筑设计的理性发展。

如果做不到"了解领域最新研究动向"，在设计实践中则会有失去专业话语权的风险：如门诊区"医患分流"的开放式双廊设计（图 4-3），与注重隐私保护权的 JCI 认证标准规定的"一室一医一患"要求是相矛盾的，而只有不断更新知识才能了解这一点。

设计师开展循证设计的不同层级　　　　　　　　　　表 4-1

过程的严谨性（Process Rigor）→	1	2	3	4
4 级水平设计师（Level 4 Practitioners）　同行评议（Peer Review）	★	★	★	★
将研究成果发表在同行评审学术杂志上 （Publish their findings in peer-reviewed journals）				
与社会学家合作 （Collaborate with academic social scientists）				
作品受到最严格评审 （Subject their work to the highest level of rigorous reviews）				
3 级水平设计师（Level 3 Practitioners）　报告客观（Unbiased Reporting）	★	★	★	
通过文章或口头演讲发表研究成果 （Report results publicly through writing or speaking）				
与设计团队或业主团队以外的人分享信息 （Share information beyond the firm or client team）				
方法和成果接受他人审查 （Subject methods and results to scrutiny from others）				
2 级水平设计师（Level 2 Practitioners）　假设并验证（Hypothesis and Measurement）	★	★		
对设计决策的预期效果进行假设 （Hypothesize the expected outcomes of design decision）				
对效果进行测评 （Measure the results）				
采用新的设计方法 （Employ new design methods）				
分析并解释研究成果 （Understand the research and interpret the implications）				
能将设计决策与可测量的效果关联起来 （Be able to connect the decision to a measurable outcome）				
杜绝只报喜不报忧 （Resist the temptation to report success and downplay failure）				
1 级水平设计师（Level 1 Practitioners）　批判地使用研究成果（Critical Interpretation of Research）	★			
了解领域最新研究动向 （Stay current with literature in the field）				
了解最新物理环境研究进展 （Follow the evolving environmental research related to the physical setting）				
解释与具体项目相关的实证依据含义 （Interpret the meaning of the evidence as it relates to specific projects）				
根据具体情况判断最佳设计 （Make judgments about the best design for specific circumstances）				
采用基于其他项目基准评价的设计构思 （Use design concepts based on benchmark reviews of other projects）				
通过设计改进后的实例，创作出提升了艺术水准的作品 （Produce work that advantces the state of the art by developing tangible example of improved design）				

水平进阶（Process Evolution）

（译自：D. Kirk Hamilton, David H. Watkins. Evidence-based Design for Multiple Building Types[M]. New Jersey: John Wiley & Sons, Inc, 2009）

图 4-3 门诊区 "医患分流" 的开放式双廊设计：左：标准诊区轴测图；右上：标准诊区顶视图；右下：诊区医患分流分析图

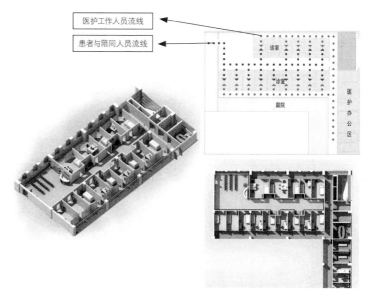

广义的医疗建筑研究者是指所有参与医疗建筑研究活动的人群，包括建筑师、制造商、研究者、政府和医院业主，而狭义的医疗建筑研者则是指那些专业从事医疗建筑研究的人群，他们深入开展文献研究、方法论研究、设计工具研究、设计与建造程序研究、历史与未来趋势研究等。

有的医疗建筑研究者来自专业学术机构，如英国国立医疗建筑研究所（Medical Architecture Research Unit, MARU）；有的来自高校学术团体，如设立在美国得克萨斯州农工大学的健康设计中心（Center for Health Design, CHSD）；还有些来自政府机构、民间行业组织、医院（医生、护士）、企业（建筑设计院、医疗工艺设计公司、工程咨询公司）；甚至包括历史学家、统计学家和会计师等不同行业的人才。

研究经费来源主要有三种：1）政府研究资助。获该类资助的研究需结合紧密并依从国家卫生政策导向；2）独立慈善基金组织的研究资助。如英国的南菲尔德信托基金（Nuffield Trust）和国王基金（King's Fund）等，作为政府类研究的重要

补充；3）来自学术团体、大学、企业和国外研究机构等的研究资助。在我国，顶级的政府研究资助是国家自然科学基金。近年来获该基金资助的医疗建筑研究项目如表 4-2 所示。感兴趣者可以联系这些学者合作或获取参考信息。

近年获国家自然科学基金资助的医疗建筑研究项目（部分）　　　　　　　　　表 4-2

序号	批准年份	项目名称（编号）	主持人	依托单位
1	2003	医疗建筑策划与设计过程的系统化控制措施研究（50278008）	格 伦	北京建筑大学
2	2005	医院建筑模块化体系设计研究（50478098）	张春阳	华南理工大学
3	2008	应对突发公共卫生事件的城市规划与建筑设计研究（50778047）	张姗姗	哈尔滨工业大学
4	2010	基于新医改背景的基层医院建设整体策划及适宜设计方法研究（50978061）	董 黎	广州大学
5	2011	防控突发性传染病的医疗建筑网络体系构建（51078104）	张姗姗	哈尔滨工业大学
6	2011	基于地域的医疗设施规划方法研究（51078072）	周 颖	东南大学
7	2012	适应湿热地区气候特点的医院建筑设计研究（51178187）	张春阳	华南理工大学
8	2012	医疗建筑开放体系研究（51108302）	黄 琼	天津大学
9	2014	康复设施空间与环境的设计模式研究——基于疾病种类及治疗阶段的视角（51478100）	周 颖	东南大学
10	2016	城市综合医院预防犯罪设计方法研究：以北京地区为例（51608023）	郝晓赛	北京建筑大学
11	2017	基于综合性能提升的亚热带地区既有大型综合医院更新设计方法研究（51778231）	张春阳	华南理工大学
12	2017	建筑综合效率量化作用机制下的大型综合医院交通流线优化研究（51778074）	龙 灏	重庆大学

总之，医疗建筑设计研究借助理论传播、政策制定、实验项目建设及设计规范制定等方式影响着建设实践，对医疗建筑良性发展至关重要。

下面，来看看当前国内外医疗建筑研究发展的概况。

2 医疗建筑研究国内外概况

总体上，国际医疗建筑研究的量化数据多、研究积累已成体系。一些国家如美国、英国、日本和荷兰等，设立有医疗建筑的专业研究学术机构，如英国国立医疗建筑研究所（MARU）等，利用平台的集中优势取得研究成果，并与教育机构合作，主导着国家标准和设计指南的制定，将成果在实践中进行卓有成效地推广应用，推动医院建筑理性发展。

从研究角度划分，国际医院建筑研究共约 11 大类、30 余种（表 4-3）。表中丰富的各类专题研究，主要由医院使用过程中存在的种种现实问题催生而来。例如英国和美国开展了很多医院建筑安全（包括 safety 和 security）研究，走在世界最前列。

表中下划线部分为我国目前已有引介或已开展的研究种

	国际医疗建筑研究的主要角度 表 4-3
角度	研究内容
功能	总体规划；建筑的医疗功能效率；流线科学；建筑安全（包括safety 和 security）；机变 / 灵活性；医疗建筑评估；医疗建筑功能与空间利用；人体工效学研究；医院建筑的教学与培训空间；局部研究：急诊部研究、急诊停机坪、出入口；等
环境心理	用户体验；医疗建筑康复环境；以病人为中心；医疗建筑园林设计
建造	"牛津" 模式；标准化建造设计；预制式医院建筑设计；MEDITEX体系；建造程序；改造与扩建
绿色建筑	低能耗与绿色医院建筑评估
建筑技术	噪声控制；设计与设备
经济	降低建设投资与运营费用的设计
医疗服务	医疗服务组织与建筑空间布局；设计任务书拟订；医疗规划
设计质量	设计质量评价
历史	医疗机构的历史建筑；医疗建筑发展史；设计思想回顾
未来建筑	IT 技术对医疗建筑发展的影响；未来医疗建筑
方法论	医疗建筑研究方法；设计程序；循证设计；设计工具；整体设计

类。与国外相比，我国医院建筑本土设计研究开展时间晚、在数量和质量上差距显著，设计研究数量少、量化研究少，类型较单一。目前研究医院建筑的博士学位论文共八篇，可窥一斑。

　　下面以在国际医疗建筑研究领域最具代表性的英国为例，介绍一下医院建筑研究的背景、研究种类与内容，供大家参考。这里将"医院建筑设计研究"定义为："为给医院建筑设计收集有效信息和提供有效方法，研究人员遵循特定认识论和方法论围绕着医院建筑、设计过程和医院建设体系进行的系统性调查工作"。

　　为我国医疗建设提供参考之资，主要选取了英国的医院建筑研究，其他医疗设施研究从略；此外，除了在本章第 4 节"英国的 10 类医院建筑研究"中对"医院建筑安全研究"、"医院降低投资研究"和"设计质量评价研究"进行概要介绍外，在第 5 章、第 6 章和第 8 章对这三个专题分别展开了详细介绍。

3　英国医院建筑研究的背景

　　提起英国医疗建筑，大多数人或许知道以著名护士弗罗伦斯·南丁格尔（1820～1910 年）命名的"南丁格尔病房"（图 4-4）；提起英国当代医疗建筑，专业人士可能还会知道

图 4-4　左：英国的南丁格尔式病房楼；右：南丁格尔病房传入我国，1921 年建造的北京协和医院南丁格尔式病房

"BEST BUY"和"NUCLEUS"等一系列英国独创的当代医院模式。就作者了解到的世界多国医疗建筑发展情况而言，英国当代医疗建筑与我国、美国、荷兰和日本等国的大不相同。

英国当代医疗建筑的第一大特点是特别注重全寿命周期的投资效益最大化。即在满足一定标准情况下（并不追求极致），尽可能地降低成本，在医院功能达一定标准（并不追求极致）前提下，追求建设投资效益最大化成为政府的一贯选择，并采用了系统性、多渠道方式以达成目标。这与英国临床研究致力于用最低费用达同等疗效一样，都是英国施行全民医疗体制的产物。

英国人自己都认为，以病人为中心的护理政策在英国当代医疗建筑计中没有特别明显的表现❶。这是因为，公费医疗使"病人应感恩"观念在英政府内部盛行，英政府建造的医疗建筑更关注功能效率而非用户体验。

英国当代医疗建筑的第二大特点是特别注重设计研究。英国建设了大量的医院实验项目（或称"示范工程"），这在世界范围内是极其罕见的。英国用建造实验项目（demonstration project）来检验、评估前期设计研究成果，并将经受住检验的成果用于下一项医院设计，乃至在更大范围内大量推广应用。

以 1961 年建造的拉克菲尔德医院（Larkfield Hospital, Greenock）为起点，至最后一项实验项目旺斯贝克低能耗综合医院（Wansbeck in Northumberland）在 1993 年投入运营，30 余年间，英国建造了数百项基于研究并用于研究的实验项目及其"复制品"。其中数量最多的，是英政府组织研发的"Nucleus 模式"医院，在全英国建造了 130 多家。

英国当代医疗建筑特点的形成与英国医学社会环境密不可分。这些社会因素中最具决定性的有两个，一是英国施行

❶ Susan Francis, Rosemary Glanville, Nuffield Trust, Building a 2020 vision: Future health care environments, London, 2001: 13.

全民医疗体制；二是英国盛行经验主义哲学。

英国施行全民医疗体制，医院属于并服务于社会，这在很大程度上主导了医院建筑设计与研究的方向。二战后百废待兴，英国于 1948 年成立了国民卫生保健机构（National Health Service, NHS），开始实行全民医疗体制，英国社会把医疗设施建设视为与教育设施和住房并重的人民福利基本保障，因此医院从建设到运营全寿命周期耗费的资金由政府从税收中支付。

NHS 成立时，接手的是一批近百年历史的维多利亚时代老医院，缺乏现成的现代化医院样板。继二战后英国启动了校舍和住房的现代化建设之后，英国开始着手医院的现代化建设，以满足新时期的医疗服务需求。面对建设中涌现的大量新问题，英政府考察了同时期欧洲诸国的医院建设后，从利用有限资金解决当前需求出发，果断摒弃了照搬他国医院模式的路径❶，转向开展医院设计研究，基于研究建造符合本土需求的医院之路。

英国人有这样的决定很自然，因为英国社会盛行经验主义哲学，其历史之久可以上溯到经验主义哲学的鼻祖、英国人弗朗西斯·培根（1561～1626 年）。经验主义认为，人的理性必然有所缺陷，只有经历长时间实践检验与修正才能趋向真理；知识应通过归纳法获得。所谓归纳法，就是依据经验（或实验）尽可能地收集大量样本，进而推导出一般性结论的方法；这与笛卡尔等大陆理性主义哲学家使用演绎法获取真知截然不同，受此影响，英国高度重视医院建筑设计决策的实证研究。医疗建筑学者路维林·戴维（Llewelyn Davie）的名言"深入认知才能精湛设计"❷可为此注脚。

因此，面对新的医院建设愿景、新的建设问题，英国人首先想到的是应该先研究一下该怎么做才是最好的。只是，

❶ MARU. The Planning Team & Planning Organization Machinery[R]. London: MARU, 1975.

❷ 原文为"Deeper knowledge, better design"，参见：Susan Francis, Rosemary Glanville, Ann Noble, Peter Scher. 50 years of ideas in health care buildings [M].London: The Nuffield Trust, 1999.

❶ 英国医疗建筑研究在国际上具有一席之地毋庸置疑。这里补充一点：在英国医疗建筑理论著作中，能肯定自己的成绩，也能直接指出存在问题的英国学者，在评价或批评英国的研究时很在意一点，那就是英国人的医疗建筑研究和理论是否居于世界领先水平？客观的英国学者自认为，在 NHS 牢牢掌控的英国之外，医疗建筑领域唯一产生另外一种不同理论的地方，是美国。

NHS 成立初期尚无力开展大型研究，启动于 1949 年，于 1955 年出版的研究成果《医院功能与设计研究》及时填补了空白；这项研究由南菲尔德信托基金（Nuffield Provincial Hospitals Trust，为 Nuffield Trust 的前身）和布里斯托大学（University of Bristol）联合资助，深刻地影响了英国此后 30 余年的医院建设。自此，依托专业研究机构，面向社会需求，英国积累了大量的深度和广度在世界领先的研究成果，对本国乃至世界现代医院建筑的理性演进产生了深远影响。❶

从医院建设各职业群体需求出发，英国医疗建筑研究可分为四类（图 4-5），其驱动关系可概括为：NHS 应社会需求投资医院建设，建设需求推动建筑设计发展；设计实践需求推动实用研究和理论型研究的开展，尔后 NHS 基于研究成果制订政策、标准和建设指南等，将其进行实践推广并由此开始新一轮循环。循环的驱动力来自英国医疗体制和社会环境。

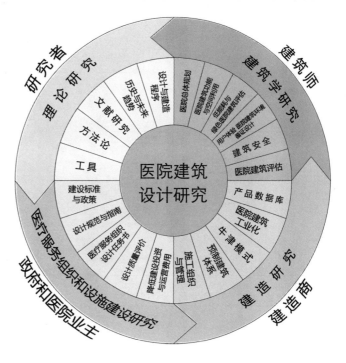

图 4-5　英国当代医院建筑发展的驱动循环图示

在这个理性循环中，英国建筑师获得了大量将设计理念付诸实践的机会，这在 NHS 成立前是罕见的。[1] 从 20 世纪 60 年代起，设计建造实验项目用以检验理论、用作评估研究，成为英国卫生部医院建设局[2] 的传统。一系列实验项目被建造、评估，研究成果用于发展下一代医院设计[3]（图 4-6）。人们源源不断地到这些医院中实地参观考察，相关研究出版物在学术领域也有着广泛影响力。

作为英研究正式基地的 MARU 使英国有限的研究资源和学术力量得以积聚，这是依托个人或松散组织模式的研究项目难以企及的，再加上语言优势，英国与其他语种国家或未设专业研究机构的国家相比，医院建筑设计的研究历史更长久，成就更高，且影响也更为深远(关于 MARU，详见第 9 章第 2 节)。

英国的研究在 20 世纪 70 年代初界分为两个阶段：第一阶

❶ Susan Francis, Rosemary Glanville, Ann Noble, Peter Scher. 50 years of ideas in health care buildings[M]. London: The Nuffield Trust, 1999.

❷ 英国卫生部医院建设局即 the Hospital Buildings Division at the Ministry of Health, HBD, 成立于 1959 年，该机构 1962 年启动了"医院建设项目"（the Hospital Building Programme），即英国"自上而下"推动的当代医院大规模建设项目。

❸ Susan Francis, Rosemary Glanville, Ann Noble, Peter Scher. 50 years of ideas in health care buildings[M]. London: The Nuffield Trust, 1999.

图 4-6　英国当代医院建筑研究与相关实验项目建设图示

	50 年代	60 年代	70 年代	80 年代	90 年代	2000 年以后
10 类研究主题	1.医院建筑功能研究 （1）整体功能综合研究 （2）局部功能专题研究 （3）空间利用研究					
	2.医院建筑安全研究 （1）医院建筑防火研究 （2）医院建筑防犯罪研究					
		3.历史与未来趋势研究 （1）医院建筑历史研究 （2）医院建筑未来趋势研究				
		4.医院总体规划研究				
		5.降低建设投资和运营费用研究				
		6.医院建筑用户体验研究				
			7.循证设计与医院建筑环境研究			
			8.医院建筑评估			
				9.低能耗与绿色医院建筑评估研究	
				10. 设计质量评价	
实 验 项 目	·马斯格雷夫公园医院	·"Best Buy"医院	·格林威治地区医院	·圣玛丽医院		
		·"Harness"医院	·诺斯威克公园医院			
	·拉克菲尔德医院	·牛津模式医院	·"Nucleus"医院		·米德尔塞克斯中心医院	
NHS组织结构和医疗政策变化	原医疗服务体系国有化转为三级医疗体系	医院建设计划(HBP)宣布开始	NHS 重组	NHS结构变革 冗余资产调查	NHS服务供给和购买分离	NHS现代化 以PFI和初级医疗为发展导向 / NHS以病人为导向
社会观念变化	战后住房、教育和医疗等社会保障和福利发展	城市的死与生 消费者运动 "医院'罢'了？"	国际石油危机 有限资源 环境问题	全国性罢工 艺术有益健康 低能耗建筑	专家的失信 设计建造一体化 引入竞争 / "排行榜" 零售商店进驻 公共建筑 / 可持续发展	消费主义 整体健康观 医院以需求为中心

段是工业化背景下新领域开拓期，研究关注医院建筑本身的功能和效率，进行多学科合作并依托科学方法寻求应对现代社会复杂需求的系统性设计知识，由此催生"标准化"医院设计风潮；第二阶段与同期社会观念变革呼应，开始关注人的使用需求，并提倡使用者参与设计过程。

　　第一阶段早期研究有《医院功能与设计研究》（NT，1955）和《医院规划进展》（Davies L 等，1959）❶。前者首次搭建了医院功能研究框架，尝试将科学方法用于调研来获取社会对医疗服务的需求信息，以此改进设计提高医疗服务效率；后者比较研究了医院的垂直和水平发展模式。20 世纪 60 年代，围绕英国首例整体医院实验项目——格林尼治地区医院（Greenwich District Hospital）的建设开展了广泛调研，关注老医院原址更新和医院整体功能效率提升问题；在医院规划方面，约翰·威克斯（John Weeks）提出应对老医院"生长"现象的"未完成式"（Indeterminate Architecture）理论并付诸实践；始于 1963 年的"牛津模式"（Oxford Method）探索了工业化建造模式在医院领域的应用；20 世纪 60 年代末期"Best Buy"、"Harness"及 70 年代中期"Nucleus"医院标准化模式的设计研究和实践推广，均重点着眼于资金、质量和建造效率的可控性。为检验设计的实际功效，NHS 还同期开展了一系列医院使用后评估研究。总之，该阶段研究重点是物化的设计成果而非使用者，如 1955 年研究关注了建筑环境的物理舒适度，却未关注使用者可感知的环境品质。

　　20 世纪 70 年代后医院建筑功能研究转向局部专题及关注实际使用情况的空间利用研究（Space Utilization Studies），逐渐成长起来的 MARU 承担了这些研究的主体。但该时期更具意义的是对人的需求的关注，标志着英国的研究进入第

❶ Llewelyn Davies, R. Progress in Hospital Planning[J]. RIBA Journal. 1959, 01: 79-83.

二阶段。关注医院各人群建筑环境满意度的圣托马斯医院（St. Thomas Hospital）病房评估研究出版物（MARU, 1977）因此被约翰·维克斯誉为《战争与和平》以来最有力量的出版物"❶。

之后除了少量为新医学技术开展的局部功能专题研究，随着对人与环境关系认知深入，关注用户感受的医院建筑评估研究、"以病人为中心"的设计研究、循证设计研究和环境设计质量评价研究等汇成了英国研究主流。

概而言之，从 1955 年起，英国的研究便形成了面向社会需求的理论研究与实际建设的良性互动，通过实验项目检验研究成果并将成功经验有组织推广成为英国医院建设发展的传统模式，积极构筑医院建设和社会需求之间的桥梁。20 世纪 70 ~ 90 年代初是英国研究的繁荣期，研究数量、成果及对实践的影响到达顶峰。在社会经济政治影响下，NHS 从成立至今已历经五次机构改组，20 世纪 90 年代后医院建设纳入私人融资计划（Private Finance Initiative, PFI）并以初级医疗为发展主导，推动英国研究的社会机制随之改变，再加上研究方法的停滞，英国的研究在 21 世纪也开始进入停滞期。

4　英国的 10 类医院建筑研究

下面，结合我国实际建设需要，从英研究中选出 10 类具有实践影响力的研究主题（图 4-6）以时间为序进行详细介绍。

4.1　医院建筑功能研究

医院建筑功能研究集中于 20 世纪 50 ~ 80 年代，可分为"整体功能综合研究"、"局部功能专题研究"和"空间利用研究"三类。

❶ James W P , Tattonbrown W. Hospital designand development[M].London: ArchitecturalPress Ltd, 1986. 原文为 "the most powerful book since War and Peace!" .

❶ 斯堪的纳维亚（Scandinavia）的自然地理概念，指的是欧洲西北部斯堪的纳维亚半岛，包括挪威、瑞典、丹麦和芬兰北部。

❷ Musgrave Park Hospital, Belfast, The case History of a New hospital building. London: MARU, 1962.

（1）整体功能综合研究

英国首项整体功能综合研究是 1955 年出版的《医院功能与设计研究》。研究团队包括建筑师、历史学家、医生、护士、统计学家和会计师等不同行业专家，其中有后来英国最负盛名的医疗建筑理论家之一约翰·威克斯，研究还得到了英国建筑研究所和防火研究所等专业机构的支持。

团队通过观察记录、数据收集和分析方法对医院展开实地调研，希望通过科学严谨的研究工作使医院建筑像其他领域（如制造业、农业、医学和规划等）一样理性高效发展（图4-7）。研究内容包括：医院建筑的医学功能、医院建筑的物理环境、医院建筑防火、影响设计的常见问题以及医院所服务区域的医疗需求调研等。

他们不仅研究了英国医院的使用现状，也汲取了欧洲及美国医院的有益模式。如向丹麦学习病房护理模式，向美国等学习中心供应（CSSD）模式，病床周边空间尺度则研究比较了英国、法国和斯堪的纳维亚（Scandinavia）❶ 诸国共 6 个护理单元。

该研究成果用在了两个实验项目的病房单元建设中：拉克菲尔德医院（Larkfield Hospital in Greenock）与马斯格雷夫公园医院（Musgrave Park Hospital in Belfast），1962 年还出版了对后者的使用后评估报告 ❷，设计评估作为建筑实践体系的一部分

图 4-7 左：拉克菲尔德医院病房工作面照度研究；右：门诊就诊过程时间分配研究

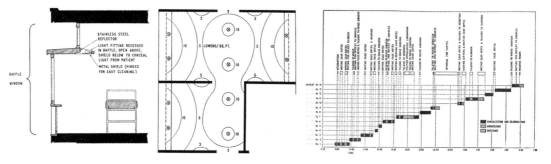

开始萌芽。

　　医院"整体功能综合研究"的第二部值得关注的研究出版物是《医院设计与发展》❶。与 1955 年研究不同，该书把医院建筑设计内容被分为"总体规划"、"护理区域"、"诊疗区域"和"保障区域"四部分，后三者构成医院建筑整体功能。与我国医院功能划分概念不同，英国纳入保障用房的是以该部门是否直接接触病人、参与诊疗服务为准，因此除了设备机房、洗衣房和库房等与我国概念一致外，该区域还包括我们划为医技用房的病理科、药剂科和中心供应等。

　　与我国医院设计研究中普遍以医疗功能用房为主、保障用房为辅的思路相比，英国对各功能区均很重视。而有效的保障区布局有助于提升医院整体运行效率，节省建设投资及运营费用，因此，英国医院很重视保障区的合理设置，如"Best Buy"医院模式（图 4-8）等，有的医院甚至以保障区设置为规划设计主导因素。

　　除了上述研究，英国在格林威治主导了 800 床地区综合

❶ James W P, Tattonbrown W. Hospital design and development[M], London: Architectural Press Ltd, 1986.

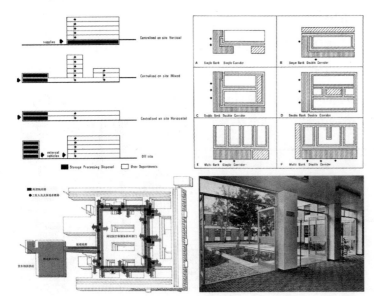

图 4-8　上左：物流供应模式分析，上右：手术部布局模式分析；下左："Best Buy"医院交通与物流分析，下右："Best Buy"模式医院之一、西萨福克地区综合医院（The West Suffolk DGH，1973）庭院（资料来源：MARU）

医院（1962～1974 年）（图 4-9）的整体医院建设研究。面对当时市区老医院面临的发展难题，为使项目更具示范性，研究团队针专门选择了一家旧医院进行原址更新建设。除了采用先进的交通和物流供应系统，该项目也率先采用"通用医院空间"（Universal Hospital Space）和伺服间层（Interstitial Floor，也叫"设备间层"）做法，应对未来需求变化，并为疏导交通探索了标准化标识系统。

具体而言，"设备间层"就是将机电设备集中于结构桁架空间内形成设备层，设备层间隔于医疗功能层设置，建筑剖面在垂直方向形成"三明治"般层叠的形态（见图 4-9 剖面图）。同时，采用大跨度、大进深的柱网；这样一来，原存在于医疗功能空间的柱子、机电检修闸口、给水排水管道等功能改造的障碍物统统被消除了，便于将来在建筑轮廓内自由调整医疗功能。20 世纪六七十年代，这类"设备间层"的做法在美国和欧洲的医院中很有市场。

项目建设前期开展的研究较多，如《医院改扩建的交通

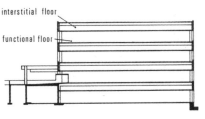

图 4-9 格林威治医院；上左：原址旧建筑物，上右：新建医院入口，下左：剖面示意图，下右：二层平面图（资料来源：MARU）

与组织调研》❶、《格林尼治地区医院：物流实验》❷、《医院
交通和供给问题》❸、《医院研究及任务书拟定问题》❹ 等。
建设完成后有《卫生部三项伺服空间研究》❺ 和《格林尼治地
区医院物流系统评估》（MARU，1983）等。

　　即便有数项研究，英国学者仍然认为，格林尼治地区医
院并没有得到与之地位相称的充分评估、维护以及特别改善
和管理，从而浪费了获取更多经验的机会。❻

　　（2）局部功能专题研究

　　对医院建筑的局部功能专题研究中，针对医院的"诊疗区
域"，除 1955 研究报告中涉及的内容外，随着建筑实际使用方
式会与原设计目标背离为大量用后评估研究证实，MARU 针对
门诊诊室功能布局的灵活性进行了研究（MARU，1970），研究
使用"弹性"（flexible）一词描述那些除了原定功能和管理模式
外还有其他用途的建筑设计。"诊疗区域"研究还有《医院门诊
空间需求研究》（MARU，1986）、《急诊部资源利用》（MARU，
1986），应新医学技术需要开展了微创外科建筑研究（MARU，
1993）。手术部专题研究有《手术部设置及使用研究》（MARU，
1981，1987）、《Nucleus 医院手术部无菌品供应要求》（MARU，
1985）和《地区综合医院手术室设置》（MARU，1985）等。

　　医院"护理区域"的研究有：医院病房尺寸及其分布比例
的研究 ❼❽，住院部病床空间（MARU，1971）和医疗槽设置
研究（MARU，1979），以及对住院部平面和护理工作组织的
研究回顾（MARU，1981）。针对 ICU 和 CCU 则有案例分析
和使用后调研（MARU，1988）等。

　　医院辅助服务区域的专题研究主要有：医院职工更衣室
设计（MARU，1980）、医院教育中心（MARU，1983）、休
闲设施（MARU，1984）和针对医院中心供应工作负荷模型

❶ Ministry of Health, A Traffic and Organization Survey for Hospital Redevelopment: Description of a Pilot Survey[R]. London: MARU, 1964.

❷ Howard Goodman, Greenwich District Hospital: An Exercise in Logistics, Hospital Management, Planning & Equipment[R]. London: MARU, 1966: 574-577.

❸ Holroyd, WAH. Hospital Traffic and Supply Problems[R]. London: MARU, 1968.

❹ Green J and Moss R, Hospital Research and Briefing Problems. London: MARU, 1971.

❺ Building Design Partnership, 3 studies on Interstitial spaces (or service sub-floors) for DHSS[R]. London: MARU, 1978,1979,1981.

❻ Susan Francis, Rosemary Glanville, Ann Noble, Peter Scher. 50 years of ideas in health care buildings[M]. London: The Nuffield Trust, 1999.

❼ John Weeks et al, Distribution of room sizes in hospitals[J]. Health Services Research. 1976, Fall.

❽ Cowan P. Studies in the growth, change and ageing of buildings[J], Transactions of the Bartlett Society. 1963, 1: 55-84.

（MARU，1984）的研究等。

（3）空间利用研究

20 世纪七八十年代卫生部委托 MARU 开展了一系列研究调查医院实际使用情况，这就是费用相对高昂但实践意义重大的空间利用研究，基于调查改善不实用的空间，结合医疗服务流程和管理的改进提高空间利用率并减少建筑规模的盲目扩张，从而达到提升医院服务能力、降低建设投资和运营费用的目的。

具体方法有：淘汰利用率低且非医学流程必需的空间；将所需建筑空间条件近似但时间不重叠的医疗服务安排在同一房间内等。研究出版物主要有：《医院多功能空间示例》（MARU，1977）、《医院空间利用：概念，方法和初步成果》（MARU，1977），及弗里姆利公园医院（MARU，1978）、利斯特医院（MARU，1978）和法恩伯勒医院（MARU，1982）的空间使用效果研究报告，并总结了研究方法（MARU，1988）。

4.2　医院建筑安全研究

医院作为公共场所，除了常见建筑安全问题、防范火灾和用电安全外，还有诸如医院交叉感染、职业安全防护、环境安全、医疗设备运行安全、防范犯罪事件并确保突发性公共安全事故时能提供保障服务等问题。这里介绍两类对我国有现实意义的研究。

（1）医院建筑防火研究

NHS 成立初期英国并无专门针对医疗建筑的防火规范，开展《医院功能与设计研究》时成立了医院建筑防火设计专题小组，其成果广泛影响了之后的医院建设。20 世纪 60 年代末至 80 年代初的几场医院大火，使公众认识到编制医疗

建筑防火规范的重要性，于是从《防火条例》（1971）起步着手修编，历经数次更新，目前建筑师设计医院时使用《建筑防火规范》（the Building Regulations-Fire safety，2019）和《医疗建筑技术备忘录·医疗建筑防火设计指南》（Firecode, fire safety in the design of healthcare premises: Health Technical Memorandum05-02，2015），前者是强制标准，适用于功能简单的医疗建筑、医疗建筑的非医疗功能区域；后者是针对医疗功能区域的防火设计指南，实践中一般同时满足二者的要求。

与我国医院建筑与其他民用建筑共用一套建筑防火设计规范相比，英国基于医疗建筑研究独立编制的医疗建筑防火规范与设计指南，充分考虑了医疗建筑功能需求（图4-10）。

再如，鉴于火灾时像其他公共场所那样将病人完全、快速撤离受灾建筑物是不可能的，即使成功撤离，医疗服务的中断、室外恶劣的自然环境也会对病人不利，英国医疗建筑防火设计核心理念是火灾时采用以"水平转移"为主、"垂直转移"为辅的"分步撤离"病人方法。具体而言就是：受灾区的工作人员先将病人移至同层相邻防火空间单元等候火情被控制或扑灭，再根据情况做出返回还是撤出该建筑物的下一

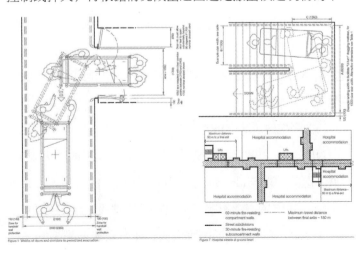

图4-10 《医疗建筑技术备忘录·医疗建筑防火设计指南》示例，左：推床所需门洞与走廊宽度；右上：用于转运重病人的疏散楼梯尺寸；右下：医疗主街疏散距离

❶ NHS Estates, Health Facilities Notes, Design against crime[R]. London: MARU, 1994.

步决策，而防火空间单元的设置为病人安全撤离建筑物提供了时间缓冲。由此英国医院建筑设计要求防火空间单元同时为独立功能单元，不仅能提供本单元医疗服务，还应满足相邻单元医疗需求以提供火灾应急服务。

英国学者露丝玛丽·格兰维尔（Rosemary Glanville）指出，强调"水平转移"的防火理念极大地影响了英国医院建筑形态，使其趋向采用对防火更有利的水平发展模式。

（2）医院建筑防范犯罪研究

医院除了偷盗和破坏公物等普通公共场所犯罪事件，还时有医患冲突引发的暴力袭击，医院急诊部就是易发地。为保障公众安全，NHS 从 1992 年始主导了四项医院室内外环境安全研究并据此编制发布设计指南 ❶（图 4-11）。

防范犯罪研究对传统以医学功能主导的设计影响有：1）安保措施与医疗服务的结合将医院分为夜间与日间区域，并从其他部门与急诊部的夜间业务关系角度重新审视医院功能布局；2）从防范犯罪角度对仅由医学功能决定的便捷路线进行完善；3）从防范犯罪角度调研运营中的医院，改善危险路线并有针对性地安装安保监控设备等加强防范；4）针对医

图 4-11 左：Pinderfields 医院室外视区分析，右：Greenwich 医院低安全感场所地图

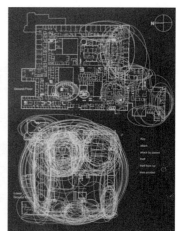

院犯罪事件特点更改建筑空间设计。设计指南还对疏散楼梯日常使用的安全问题提出对策。

此外，英国警长协会（Association of Chief Police Officers）发布了《安全设计：医院专篇》（2005），基于警察视角，对医院犯罪行为和反社会行为提出了建筑设计建议（详见第 5 章"医院建筑设计与安防管理"），包括停车安全、照明强度、对私人或公共区域等犯罪高发地带出入进行控制等方面。

4.3 历史与未来的研究

在英国的研究中，无论回顾还是前瞻，都是为了给医院建筑的理性发展提供必需的决策信息。历史类研究深入了解医院建筑过去为未来发展提供必要决策信息，未来趋势研究则通过科学理性分析为医疗服务组织机构、建筑设计团队和建造部门提供支持决策的未来愿景。

（1）医院建筑历史研究

英国从最早的伦敦贝特莱姆医院（Bethlem, 1660）建立到 NHS 1948 年成立前，200 多年间发展了多种医院类型❶，NHS 成立后将当时 2000 多家维多利亚式医院全部收编进国有新体制下。

英国医院建筑的历史研究分两类：一是对 1948 年前旧式医院建筑遗产的研究。受益于英国社会的科学传统，老建筑资料丰富详实、保存完好，因此该类研究出版物众多，仅作者查阅到的就有 10 部。其中，发展史类出版物有《英国医院的演进》（Poynter, 1964）、《医学与工业社会：曼彻斯特地区医院发展史：1725～1946 年》（Pickstone,1985）、《英格兰 1850～1914 年间的建筑师与广厅式医院：争论与设计的创造性》（Taylor, 1997）和《英国医院 1660～1948 年：建筑设计回顾》（Richardson, 1998）等；历史建筑类有《英格兰最早的政府医院：1967～1930

❶ Richardson, English hospitals 1660–1948: a survey of their architecture and design[M]. London: Royal Commission on the Historical Monuments of England, 1998.

年》（Ayers, 1971）、《历史中的医院》（Granshaw et al,1990）、《英格兰医院与精神病院：1850 ～ 1914 年》（Taylor，1991）、《村舍医院：1859 ～ 1990 年》（Roberts，1991）和《英国中世纪医院：1050 ～ 1640 年》（Prescott, 1992）等。

二是对 1948 年后新医疗体制下建设的现代医院建筑的研究。代表出版物有《五十年来的医疗建筑设计理念》❶，研究结合英国社会大背景，从"研究对医院发展的作用"、"系统化与标准化项目的影响"、"理论与实践的关系"以及"当前医疗建筑设计理念"四方面对本土医疗建筑设计成就进行评介，是了解英国现代医院建筑发展的重要文献。

（2）医院建筑未来趋势研究

虽"未来的医院也将成为过去"❷，分析未来趋势仍益于当下决策。早期有约翰·威克斯提倡医院建筑应具备足够弹性应对医疗需求的快速变化以防被淘汰。❸20 世纪 80 年代 MARU 开展了两项此类研究，其中针对信息技术对医院建筑未来发展影响进行的研究（MARU, 1987）迄今仍具现实意义。

20 世纪末的英国社会催生了《展望 2020：未来医疗环境》❹的研究出版，这项研究源于 1999 年 NHS 为未来 20 年医疗建筑发展制订战略的需要。在深入了解医疗保健业和建造业发展基础上，研究审视了医疗服务和设计领域近年来的问题，结合未来医疗环境的发展对"医疗服务组织和规划"和"医疗建筑设计和建造"问题进行研讨。研究建议打破医疗机构各自为营提供医疗服务的传统模式，提倡发展社会协作来保障民众健康。

4.4 医院总体规划研究

医院总体规划方面最早议题是关于医院垂直和水平发展

❶ Susan Francis, Rosemary Glanville, Ann Noble, Peter Scher. 50 years of ideas in health care buildings[M]. London: The Nuffield Trust, 1999.

❷ Lord Taylor, Hospital of the Future[J]. British Medical Journal. 1960: 752–758.

❸ John Weeks, hospitals for 1970S[J]. Medical Care. 1965, 3（04）: 197–203.

❹ Susan Francis, Rosemary Glanville, Nuffield Trust, Building a 2020 vision: Future health care environments[M]. London: Stationery Office Books, 2001.

模式的，1959 年南菲尔德信托基金对此开展研究并指出，从未来发展、节省电梯投资、建造速度和病人诊疗环境品质角度看，采用水平发展模式建设低层医院更具优势。❶《未来的医院》对医院发展模式表达了类似观点❷，此外强调了医院总体规划的重要性，指出各类医院都需在总体规划控制下进行建设，文中还阐述了总体规划工作的专业性、复杂性和经济性问题。

　　长期来看医院整体存在不同程度扩张，而不同功能部门则或扩张或萎缩，这种现象在地区综合医院中表现明显。在考恩（Cowan）等学者的医院生长变化原创性研究❸启发下，以医疗服务街连接各功能部门的规划构想开始萌芽，约翰·威克斯用"机变建筑"（Indeterminate Architecture）为之命名。❹他认为理性、连贯完整的医院形式更多是建筑学逻辑而非医院真实需求，因此主张从医院规划设计开始就要把医院"生长"和"变化"的不可避免特性考虑在内。约翰·威克斯将该理论应用在他主持设计的大型教学医院——伦敦诺斯威克公园医院中（Northwick Park Hospital, 1966–1970）（图 4-12），该医院和同时代整体实验项目格林尼治地区医院并称为"双杰"❺。

　　约翰·威克斯还就医院规划发表了诸多论说。他认为从使用感受出发，医院需同时具备两种尺度，一种是通过易懂易用的简单形式在各功能单元内部营造具有亲切感和归属感的小尺度形象；一种是以高辨识度的异化元素为各功能单元在医院整体层面上打造具有领域感的大尺度形象。❻他还认为好医院应室外易达、室内交通和方向明晰。❼在《为了健康的医院》❽中他指出病人声音在医院规划过程中缺失的现状，而在《医院更象村镇而非建筑物》❾等文中他将医院与村镇从形态、功能结构和发展变化方面相比拟，提出拟村镇化医院规划发展理念。

❶ Llewelyn Davies, R. Progress in Hospital Planning[J]. RIBA Journal. 1959, 01: 79–83.

❷ Lord Taylor, Hospital of the Future[J]. British Medical Journal. 1960: 752–758.

❸ Cowan, P. and Nicholson, J. Growth and Change in Hospitals[J]. Transactions of the Bartlett Society. 1965, 3.

❹ John Weeks, Indeterminate Architecture[J], Transactions of Bartlett Society. 1964, 3.

❺ Peter Stone, Hospitals: The Heroic Years[J]. Architects' Journal. 1976, 12 : 1121–1148.

❻ Hoare J, Weeks J. Designing and living in a hospital: an enormous house[J]. The Royal Society of Arts Journal. 1979, 07.

❼ John Weeks, Approachable Hospitals[J]. Hospital Development. 1984, 12（3）: 21–22.

❽ John Weeks, Hospitals for health[J]. British Medical Journal. 1985, 291（12）:1985–1987.

❾ John Weeks. Hospitals, more like villages than buildings[J]. World Hospitals. 1986, Vol. 26（3）: 25–29.

图 4-12 伦敦诺斯威克公园医院；左：外观、内院与连廊；右：医院"生长"示意

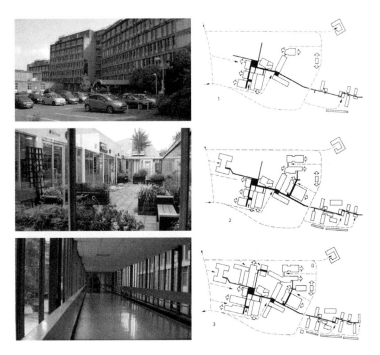

与之类似，乔纳森·休斯（Jonathan Hughes）在《医院与城市》❶ 中探讨了医院与城市发展的关联性，指出在功能分区、提高生产效率和重视解决交通问题和物流供应等方面，二者发展历程、概念和设计手法有相似之处。

近年随着医学信息科技发展，英国和其他欧洲国家一样，逐步将医疗服务重心从医院向家庭和社区转移，更强调医疗服务网络的社会协作。因此当代医院规划也在对局限于单块用地、仅靠改扩建解决短期需求的传统思路进行反思，提倡在区域医疗服务发展战略框架内、通过对区域内现有医院进行总体建筑评估来确定单个地块的未来规划方案，并倡导医疗设施领域引进房地产发展方法 ❷。

同时随着社会政治环境的变化，提倡当地居民和社会对规划过程的积极参与和平等对话 ❸，医院规划新概念与传统概念比视野更广阔、需要承载更多。

❶ Jonathan Hughes, Hospital-City[J]. Architectural History.1997, 40: 266-288.

❷ NHS Estates，Developing an estate strategy [R]. London: MARU, 2005.

❸ C A B E . C r e a t i n g s u c c e s s f u l masterplans: A guide for client[R]. London: MARU, 2003.

4.5 医院降低投资研究

医疗设施建设和运营是 NHS 的最大开销❶，追求投资效益最大化成为政府的理性选择，因此，事关医院经济性的各类局部研究与医院整体模式的研究与批量建设，在英国医院建筑发展史中占据重要篇章，值得单独一书，感兴趣的读者，请阅读第 6 章 "从 Best Buy 到 Nucleus：经济型医院演进"，这里概要介绍一下医院降低投资研究的情况。

在大规模医院建设之初，英国政府就对建设投资实施程序控制，1962 年发布了最早的医疗项目投资规范 CAPRICODE，经过历年修订成如今的 CIM（Capital Investment Manual）。早期规范关注建设投资（capital）控制，后来逐渐增加运营费用（running cost）控制内容。

政府投资政策对英研究有重要导向作用：在功能达一定标准（并不追求极致）前提下，英国医院建筑追求全寿命周期投资效益的最大化。早期的 "Best Buy" 和 "Harness" 系列医院建设以降低建设投资为目的。20 世纪 60 年代通货膨胀，英国政府迫于财政压力缩减医院建设规模，1967 年卫生部采用 550 床左右的小规模、经济型地区综合医院 "Best Buy" 模式进行建设❷。

"Best Buy" 这个名称来自消费领域，意为最划算的买卖。通过改进设计和改善整体运营策略，"Best Buy" 医院建设投资比同期、同规模传统医院节省了 1/3。受医院部门标准化设计启发，为控制建设投资、保证建造速度和质量，NHS 继 "Best Buy" 后推出了名为 "Harness"（意为 "模块"）的模块化医院并拟建 70 家，因 20 世纪 70 年代经济衰退只建成两家。

"Best Buy" 和 "Harness" 医院的运营暴露了只控制建设

❶ NHS Estates, Developing an estate strategy [R]. London: MARU, 2005.
❷ Susan Francis, Rosemary Glanville, Ann Noble, Peter Scher. 50 years of ideas in health care buildings[M]. London: The Nuffield Trust, 1999.

投资的局限性。经济衰退后，医院建设在更严格的财政控制下于 1975 年重新启动，采用基于"Harness"发展而来的"Nucleus"（意为"核心"）医院模式，将运营费用纳入考虑，在资金许可、有社会需求时，医院可从 300 床灵活"生长"为 900 床。因政府在全国地区综合医院建设中强制推行，英国现有 130 多家 Nucleus 医院。

除了上述研究，20 世纪 80 年代 NHS 出于同样目的主导了"通过设计减少运营费用"（Designing to Reduce Operating Cost, DROC）和"空间利用研究"（Space Utilization Studies）系列。此外，缩减建设投资和运营费用作为研究重要目标之一也贯穿于各专题研究中，例如英国手术部设计指南（HBB1），希望通过指南性设计建议降低手术部建造与运营费用。

4.6　医院用户体验研究

医院建筑"用户"包括病人、探视者和医务人员，这类研究关注用户的建筑环境满意度及医院建筑环境对医务人员工作效率、病人康复效果的影响等。

大量研究以病人为主要对象，以此改进医疗服务流程、建筑布局和环境设计等，打造"以病人为中心"（Patient-focused）的医院。医院用户体验研究可分两种：一种是研究病人的建筑环境体验，寻找环境中对病人康复进程有积极影响的元素予以强调；如《以病人为中心的医疗建筑设计》（Scher P, 1996）❶。另一种是研究以病人为中心的诊疗体验，基于研究重组医疗服务结构，重新设计服务程序和重新布局医疗设备，并通过改进建筑设计来满足这些新的医疗流程；如 1991 年英国肯斯顿医院围绕"以病人为中心"的新式医疗服务（patient-focused care）对医院建筑进行改建。❷

❶ Peter Scher, Patient-focused Architecture for Health care[M], Manchester: MMU, 1996.

❷ Karin Newman, Patient-focused care: The case of Kingston Hospital Trust[J]. Journal of Management in Medicine, 1997, 11（6）: 357-371.

　　早期的理论导向是学者倡导规划设计工作都应以病人为中心，20世纪70年代随消费者权益运动等社会观念变革扩散到医疗领域后，人们开始改善医院单调、不友好的环境设计和建筑布局。随着《病人和他们的医院》❶和《医院为人而建》❷等病人视角的研究出现，英国的研究进入了第二阶段，对用户体验的关注开始贯穿于20世纪70年代后英国各类研究中。

　　该时期有影响力的研究是MARU承担的圣托马斯医院病房评估研究❸，以崭新的视角评价病房设计颠覆了之前病房研究和实践中普遍认可的观点：调研发现建筑物极大地影响了医疗服务工作的开展和职员、病人的满意度，现代医院建筑设计以功能效率为目的忽视了使用者的环境感受，反倒不如旧式病房综合满意度高。

　　此外，为编制设计指南使政府医院改扩建赢得普遍认可，1989～1992年间NHS对14家医院进行门急诊部入口等公共区域的用户需求调研❹。近期研究有《医疗建筑环境与病人康复效果》❺、《建筑环境对急诊部医疗服务的影响》❻和《设置单人间和弹性空间的护理单元平面》❼等。

　　英国的研究关注经济性，为此研究者将关注用户体验的医院与传统医院进行了经济比较，如《"以病人为中心"的医院：相关设施和投资》❽与NHS Estates的两项研究❾。不过，出于同一原因，实践表明关注"用户体验"的医院在商业模式中更有市场，英国的公费医疗使"病人应感恩"观念在NHS内部盛行，医院建设时更关注投资和功能效率而非病人体验，相对理论研究成就、精湛的医疗技术和服务而言，英国医院建筑环境的实践发展是滞后的，如在开展《展望2020：未来医疗环境》研究时，研究团队发现"现有强调以病人为中心的护理政策在医疗建筑设计中没有特别明显的表现"❿。近年

❶ Winifred Raphael, Patients and their hospitals: a survey of patients' view of life in general hospitals, London: King Edward's Hospital Fund for London, 1973.

❷ James Calderhead, hospitals for people: a look at some new buildings in England, London: KEHF, 1975.

❸ MARU. Ward evaluation: St Thomas' Hospital. 1977.

❹ NHS Estates, Design guide: the design of hospital main entrances[R]. London: MARU, 1993.

❺ NHS Estates, The architectural healthcare environment and its effects on patient health outcomes. A report on an NHS Estates funded research project[R]. London: MARU, 2003.

❻ Intelligent Space Partnership, The impact of the built environment on care within A and E departments[R]. London: MARU,2003.

❼ NHS Estates, Ward layouts with single rooms and space for flexibility[R]. London: MARU, 2005.

❽ Booz, Allen & Hamilton and Llewelyn Davies Weeks, Patient focused hospitals: facility and cost implications[R]. London: MARU, 1990.

❾ NHS Estates, Health Facilities Notes 01−Design for patient−focused care[R]. London: MARU, 1993.

❿ Susan Francis, Rosemary Glanville, Nuffield Trust, Building a 2020 vision: Future health care environments[M]. London: Stationery Office Books, 2001.

NHS 改革后，从用户体验出发的医院建筑环境设计被医疗机构业主用来增强竞争力，未来局面或有改观。

4.7　医院循证设计研究

"循证设计"（Evidence-Based Design，EBD）源自美国，是循证医学概念在医疗建筑领域的应用。EBD 强调实证数据在建筑师设计决策过程中的重要性，并要求业主也要知晓这些知识以协同进行设计决策。❶

与英国医院实验项目理念不同，"循证设计"概念的出现与医院建筑环境研究紧密相连，其遵循的依据一开始主要指那些为科学方法所证实的康复环境研究结论 ❷，这些研究关注医院建筑环境如何影响病人和医务人员幸福指数、如何促进病人康复、如何减轻人们压力等。❸ EBD 公认的历史起点即是首例医院建筑环境研究：1984 年美国罗杰·乌尔里奇关于自然景观对住院病人康复进程影响的研究。❹

英国在 EBD 方面有以下表现：1）随着 EBD 概念出现，循证（Evidence-based）观念在英国医疗建设领域普及，医疗服务政策和设计指南的制订等越来越倚重实证；2）英国研究者在文献研究和医疗建筑环境专题研究方面有理论成就；3）实践推广 EBD 概念并进行经验总结（EBD 在英国的应用集中在设计前期阶段，用以收集帮助前期决策和任务书编制的实证依据 ❺，并将设计成果的回馈结论用于新项目 ❻）。

有两部文献研究可以帮助读者快速了解该领域研究概貌：

第一部是《现状报告：建筑环境是否影响病人疗效的调查》❼，对该领域急剧膨胀的文献进行了评价研究。研究由美国医疗设计中心（The Center for Health Design）主导、来自英国 MARU 等多个国家的研究人员组成团队合作开展。研究

❶ Hamilton, DK, DH Watkins. Evidence-Based Design for Multiple Building Types[M]. New York: John Wiley & Sons, Inc., 2009.

❷ Agnes E. van den Berg, Health Impacts of Healing Environments: A review of evidence for benefits of nature, daylight, fresh air, and quiet in healthcare settings[R]. Groningen: UHG, 2005: 14.

❸ D. Kirk Hamilton, Four Levels of Evidence-Based Practice[J].Healthcare Design Magazine 3, 2003.

❹ Ulrich, R, View through a window may influence recovery from surgery[J]. Science. 1984, 224: 420–421.

❺ Bryan Lawson, Evidence-based Design for Healthcare[J].Business Briefing: Hospital Engineering & Facilities Management. 2005, 2.

❻ Peter Scher, Evidence-Based Practice in the Design of the Environment for Health Care[R]. Beijing: the 26th UIA-PHG, 2006.

❼ Haya R. Rubin et al, Status Report: An Investigation to Determine Whether the Built environment Affects Patients' Medical Outcomes[R]. the Centre for Health Design, 1998.

团队设立严格评判标准审查了此前近 30 年的研究文献,发现 7.8 万多篇相关主题文献中仅有 1219 篇文献论证了建筑环境对病人疗效的影响,其中仅有 84 篇研究文献提供数据支持结论,这里面有 39 篇文献因研究方法有明显缺陷而削弱了结论的可靠性。不过令人欣慰的是,符合标准的文献中有 88% 证实了环境特征与病人康复进程有着积极联系。

第二部是《建筑物理环境影响医务人员与病人健康吗:1965 ~ 2005 年文献回顾》❶,是文献综述型出版物。与 1998 年研究关注房间尺寸、私密性、病人是否有环境控制力、室内色彩和家具布置等环境设计内容不同,该研究关注了医院交叉染感、因环境设计不当引起的滑跌事故和肌肉拉伤、医疗失误、人际冲突与暴力事件及病人室内的自然景观视野等物理环境的研究文献。

此外,诸多英研究还关注了医院中的噪声控制、光和色彩以及环境艺术品对健康的影响❷。英国最早的室外环境研究文献是《新医院的景观设计》❸,目前该领域研究文献相对较少。❹

4.8　医院建筑评估研究

医院建筑评估源自对实践的质疑:"许多人怀疑医院规划设计的实际效果,但是很少有人去验证、研讨这些想法"❺,为此从 1965 年开始,NHS 在全国开展了一系列医院评估研究来检验医院设计实效。虽然 1962 ~ 1969 年间约有 13 项评估研究,但人们仍觉得:"与医院建筑和设备系统巨大的投资相比,医院规划设计实践功效的研究投入太少了"。❻

英国医院建筑评估的发展与其医院建设体制分不开。建筑评估研究表明,在科学理性至上的工业时代,建筑实践知

❶ Michael Phiri. Does the physical environment affect staff and patient health outcomes? A review of studies and articles 1965–2005[R]. London: MARU, 2006.

❷ Peter Scher, Peter Senior. Evaluation Research Project of Exeter Health Care Arts[R]. London: MARU, 1999.

❸ Bodfan Gruffydd. Landscape Architecture for New Hospitals[R]. London: KEHF, 1967.

❹ Clare Cooper Marcus, Marni Barnes. Gardens in healthcare facilities: uses, therapeutic benefits, and design recommendations[R]. Concord: the Center for Health Design, 1995.

❺ Ken Baynes, Brian Langslow, Courtenay C. Wade. Evaluating new hospital buildings[R]. London: KEHF, 1969.

❻ 同上.

❶ Wolfgang F.E. Preiser. Post-occupancy evaluation: how to make buildings work better [J]. Facilities. 1995, 13（11）：19-28.

识需要通过建筑评估这样更为理性的方式总结传承。建筑评估对那些持续进行大量新建或改建项目的组织机构特别有用❶，而 NHS 正是这样的组织，评估成果是编制设计指南、制订政策以及进行 EBD 设计的重要实证。

根据建设阶段不同英研究中的医院建筑评估可分为"前期决策评估（pre-evaluation）"、"设计评估"、"建设评估"和"用后评估（Post Occupancy Evaluation, POE）"，因医院性能复杂，各阶段有多种评估主题，不同专业和不同类型医疗机构对评估内容需求也不同。评估规模也可大可小，有：1）医院的整体评估。如科尔切斯特医院评估（MARU，1987）和霍默顿医院评估（MARU，1992）；2）针对某部门或某项性能进行评估。如圣托马斯医院三个时期病房模式的使用比较评估（图 4-13）；3）可以是单个医院的单次评估或是同一医院的数次评估。如 Nucleus 医院比较评估（MARU，1987）就属于后者。

早期评估以建筑功能效率为主。1955 ～ 1983 年包括英国在内的欧洲国家评估内容有：1）医院规划设计、空调、节能、

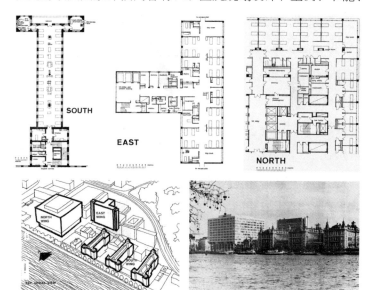

图 4-13 英国伦敦圣托马斯医院。上左：1871 年开业的南病房楼平面；上中：1966 年开业的东病房楼；上右：1976 年开业的北病房楼平面；下左：三个时期病房楼在医院中的位置示意；下右：南病房楼和北病房楼远眺（MARU）

防火、物理及康复环境、保障部门间的功能关系、设备管井设置、病房医疗槽设置和造价等；2）实验项目后评估；3）其他：建筑布局对医务人员的影响、对设计价值和医院规划方法的优劣评估等❶。近年来英国的评估研究关注用户体验：如《改善病人体验：国王基金强化康复环境项目评估》❷，《急诊部设计评估：布伦特急诊与米德尔塞克斯中心医院诊断中心评估及平面示例》❸ 等。

4.9　绿色医院建筑研究

在 1973 年石油危机后关注环境问题的国际大形势下，降低医院建筑能耗既可保护环境又可降低运营费用，成为 NHS 在 1979 年启动低能耗医院研究的动力，这也是英国最后一个有实验项目建设的研究。在实验项目圣玛丽（St Mary's）医院和旺斯贝克（Wansbeck）综合医院投入使用后，研究团队对两家医院分别进行了连续两年的使用后能耗评估研究，为此有六本研究报告出版❹。

2002 年，英国针对能耗和环境问题发布评估工具 NEAT（NHS Environmental Assessment Tool）；2008 年发布《绿色医疗建筑评估手册》（BREEAM Health care）。作为世界最早的绿色建筑评价标准——英国 BREEAM 的组成部分，《绿色医疗建筑评估手册》至今已经过多次修订，它与 NEAT 的重要区别在于，NEAT 评估新建医院时结束于设计阶段，而它的设计阶段评估只是项目中期评估，建设完成后需结合中期表现进行最终评估，从而实现了设计到施工的全过程控制。

4.10　设计质量评价研究

设计质量评价工具催生于两个认知：1）医院建筑设计质

❶ MARU. Healthcare Buildings Evaluation Manual[R]. London: MARU, 1987.

❷ NHS Estates, Improving the Patient Experience. Evaluation of the King's Fund's Enhancing the Healing Environment Programme[R]. London: MARU, 2003.

❸ NHS Estates, A and E design evaluation. Evaluation of two proposed Accident and Emergency departments: Brent Emergency Care and Diagnostic Centre at Central Middlesex Hospital, and an exemplar plan[R]. London: MARU, 2001.

❹ NHS Estates 的六本研究报告分别是：（1）Low energy hospitals——St Mary's Hospital, Isle of Wight——1st year appraisal（Archived historic document），1994;（2）Low energy hospitals——St Mary's Hospital, Isle of Wight——2nd year appraisal（Archived historic document——relevant to time of production），1994;（3）Low energy hospitals——St Mary's Hospital, Isle of Wight——final report（Archived historic document——relevant to time of production），1997;（4）Low energy hospitals——Wansbeck General Hospital Ashington, Northumberland——1st year appraisal（Archived historic document——relevant to time of production），1995;（5）Low energy hospitals——Wansbeck General Hospital Ashington, Northumberland——2nd year appraisal（Archived historic document——relevant to time of production），1996;（6）Low energy hospitals——Wansbeck Hospital——final report（Archived historic document——relevant to time of production），1997.

量高不一定就投资高，提高设计质量利于医院建设投资效益最大化；2）对于非专业人士（如医院建设决策者）而言建筑设计优劣通常难于评判，这不利于医院建设。为此有必要通过一系列清晰的非专业条文帮助 NHS 团队决策。

早期的《设计更卓越的医疗建筑》❶ 明确了何为好的设计并分析了如何获得高质量的设计，详细给出了设计要点列表、投资与建筑品质结合的程序模型和设计竞赛相关知识及案例等。并指出为保设计质量还需建筑师酬劳合理及设计周期合理。《优秀医疗建筑设计评估手册》（AEDET）❷ 和《医疗建筑环境评估手册》（ASPECT）❸ 都既适用于已建医院也适用于方案阶段的设计质量评价工具，详细内容，见第 8 章 "医院建筑方案理性择优"。

❶ NHS Estates, Better Pursuit of Excellence in Healthcare Buildings by Design[R]. London,1994.

❷ NHS Estates , Achieving Excellence Design Evaluation Toolkit[R]. http://www.efm.nhsestates.gov.uk.

❸ NHS Estates, A Staff and Patient Environment Calibration Tool[R]. http://design.dh. gov.uk/aspect.

第 5 章

医院建筑设计与安防管理

请走正门→

前页插图：

图 5-1 "设计了三个门，关了两个？"建筑师为北京市第二医院门急诊、医技与住院部综合楼设计了三个主要出入口，其中住院部出入口和急诊部出入口均在使用中被封闭掉了，仅余门诊部出入口作为该栋大楼的对外主出入口

1 设计了三个门，关了两个：治安管理与医院功能冲突

国内很多医院都有封闭一个或多个出入口的现象。

如图 5-1 中，医院方在运营中关闭了急诊、住院出入口，来访人员全部由门诊出入口进出。其中，左图是废弃不用的住院部出入口，中间图是被关闭的急诊出入口，贴着"走正门"的纸条，箭头指向门诊出入口；右图是门诊部出入口。这家医院是作者在大约 15 年前设计的，当时出于分流"病人／健康人群"等功能考虑，为医院的门诊、急诊、住院病患及陪同（或探视）人员分别设计了三个出入口。

回访时就这一现象问了医院领导，为什么这么做？医院领导告知：这是为了减少雇佣保安人数、降低安防成本。这才发现，在设计阶段建筑师大多没有考虑医院治安管理需求的意识，开始关注这一问题后逐渐发现，唯医疗功能至上的医院建筑设计，使用中安防管理却有诸多不便。

例如，医院夜间急诊穿越日间区域或与日间区域有功能连接，从而造成日间区域不能完全锁闭问题相当广泛。某医院保安对作者说："到了晚上，门诊科室关门但是公共区域不关，急诊到病房穿过门诊区，所以我们会有保安在门诊区巡逻……急诊设在门诊楼地下一层，功能上很难全部跟门诊分开，所以夜间无法封闭式管理。儿科急诊在首层，缴费到地下一层、很多门，电梯就锁不住。如果晚上急诊和病房需要做检验，就要打电话通知保卫处的人去打开。"

中南大学湘雅医院院长孙虹曾谈到，因消防疏散要求，该医院 20 多个门不能上锁，为防盗，医院雇佣了 300 余人的保安公司不停巡逻，还装了 200 多个安防摄像头；每年约花费

掉 800 万 ~ 900 万的安防投入❶。北京某 1500 床三甲医院的安防管理者也表示，医院因各部门功能连接、消防疏散需要，建筑通廊多、出入口多，该医院治安管理工作异常复杂困难。

为了减少安保人员数量，一些医院的对策是违规关闭消防出入口。北京某医院一位副院长告诉作者，她针对消防疏散口难以管理问题想出的"土政策"是"锁门"，并在旁边贴上钥匙，写上"消防专用"。不敢关闭消防出入口的医院则像图 5-1 那样关掉一些功能性的建筑出入口；有的在出入口设置闸口（图 5-2）。

医院治安问题，不仅受害者身心受损，也耗费大量公共资金投入。例如英国官方估计每年为此耗费的资金相当于 4500 名护士年薪、约 690 万英镑❷，为此，英政府于 2003 年成立了英国国民卫生保健机构反欺诈和安全管理服务委员会（NHS SMS）❸，2010 年改为 NHS 安全委员会（NHS Protect），专门负责医院安全问题至今。美国医疗机构为了应对安防事件，2016 年花费了约 27 亿美元❹。

那么，医院都面临什么样的治安问题？是个别现象还是普遍现象？是短期现象还是长期问题？下面，来看看医院治安问题。

❶ 孙虹. 关于大型医疗建筑运转效率和安全性能的思考 [R]."中国医院建筑百年的思索和探讨"院长高峰论坛. 中国医院协会医院建筑系统研究分会. 武汉，2012.

❷ HARRIS L. Perceptions of Security in Healthcare Design: Preventing Violence and Aggression [D]. London South Bank University, Faculty of Engineering, Science and the Built Environment, Department of Built Environment, 2013–05: 10.

❸ 即 NHS Counter Fraud and Security Management Service.

❹ Jill Van Den Bos, Nick Creten, Stoddard Davenport, Mason Robert. Cost of Community Violence to Hospitals and Health Systems[R]. Report for the American Hospital Association, 2017.

图 5-2 左：本应独立设置的某医院儿科出入口被关闭，儿科患者和成人病患共用门诊出入口；中：广州某医院主出入口设置闸口；右：北京某医院大厅里巡逻的警务人员

2　医院建筑面临的治安困境

当前中国城市化加速发展。而"任何国家在向现代化——工业化、城市化迈进的过程中，由于社会的急剧变迁，在特定的发展阶段上都将面临犯罪激增这一严峻的问题"。[1] 作为公共场所，医院治安环境形势尤为严峻：世界范围内，医院除了防范公共场所常见犯罪问题，还要防范医患冲突引发的口头攻击或肢体冲突，甚至更为严重的暴力袭击等恶性事件，医院急诊部尤其是这类事件的易发地[2]（表 5-1）。

各国医院面临的不同治安问题　　　　　　　　　　　　　　表 5-1

	我国医院治安问题	英国医院治安问题	美国医院治安问题
常见	医患冲突引发的口头或人身攻击等恶性事件，急诊部最多，但不限于此	医患冲突引发的口头或人身攻击等恶性事件，急诊部最多	急诊部分诊处的纠纷
偶发	医院财物、医务人员或病人等个人财物被盗；频发病人财物遗失事件	汽车财物被盗窃严重，及医院财物、医务人员或病人等个人财物被盗	护理责任；携带武器；婴儿被盗；患者信息安全
低概率	产科病区要防范偷盗婴儿，癌症晚期病人不堪折磨跳楼自杀等	破坏公共设施等	恐怖袭击；灾害期间对患者的应急救治

近年来，我国医疗机构治安问题日趋严峻，数量和案例触目惊心："73.33% 的医院出现过病人及家属殴打、威胁、辱骂医务人员现象；59.63% 的医院发生过因病人对治疗结果不满意，围攻、威胁院长的情况"。[3] 中国医师协会于 2018 年 1 月发布《中国医师执业状况白皮书》，文中提到：62% 的医师经历过不同程度的医疗纠纷；66% 的医师经历过不同程度的医患冲突。[4] 本是治病救人的医院，恶性医患冲突却处处潜伏（表5-2）。

医院担负着治安管理的重任。2007 年，卫生部等 11 部门联合发布《全国"平安医院"创建工作考核办法及考核标准》，

[1]　郝宏奎. 评英国犯罪预防的理论、政策与实践（二）[J]. 公安大学学报，1997，6：42-46.

[2]　FERNS T. Violence in the accident and emergency department——An international perspective[J]. Accident and Emergency Nursing, 2005, 13: 180-185.

[3]　熊昌彪. 医疗过失与医疗纠纷——访中华医院管理学会维权部副主任郑雪倩[J]. 中国医药指南，2006，5：18-19.

[4]　中国医师协会. 中国医师执业状况白皮书 [R]. 北京：中国医师协会，2018.

根据《中国大陆恶性医患冲突案例简编（2000~2009 年）》整理而成　　　　　　　　　　　　表 5-2

位置	案例（频次）	案发医院
急诊	殴打（6）；刀具刺伤（1），干扰医疗秩序（3）	山东省滨州医院附院（2000）；北京协和医院（2002），北京市天坛医院（2004），无锡市儿童医院（2004），江苏省南京市鼓楼医院，上海市普陀区中心医院（2004），北京安贞医院（2005），湖北省东湖人民医院（2005），广东省梅州市五华县人民医院（2008），湖北武汉青山区白玉山武钢第二医院（2009）
门诊	爆炸致多人伤亡（1），打砸医院设施（2），殴打（2），被刀捅（砍）伤 / 残（5），凌辱（1），围攻 / 干扰医疗秩序（10），不锈钢锤砸头部（1）	重庆市第三人民医院（2001），武汉市某大医院（2005），江苏省南京市鼓楼医院，福建省南平市第二医院（2005），广州某市属三甲医院（2005），广州市华侨医院（2006），云南省昆明某医院（2006），安徽省枞阳县人民医院（2006），广州中医药大学第一附属医院（2006），辽宁省沈阳盛京医院（2006），河北省衡水第四人民医院（2006），福建武夷山市妇幼保健院（2007），江苏丹阳市中医院（2007），广东中山大学第一附属医院黄埔院区（2008），安徽省合肥省立医院（2009），福建省南平市第一人民医院（2009），湖南省辰溪县中医院（2009）
医技	暴打（3）、拘禁（1）、围堵（2）	湖北省武汉市协和医院（2000），北京北医三院（2004），泰安市某医院，重庆中山医院（2008）
住院部	被刀捅（砍）伤（1），被刀捅致死（1），殴打（4），凌辱（2），打砸（4），放火 / 威胁（2），围攻 / 干扰医疗秩序（4）	江西省儿童医院（2002），四川成都市第二医院（2003），四川省郫县省公路局医院（2004），江苏省南京市鼓楼医院（2004），安徽省天长市人民医院（2005），广州市华侨医院（2006），安徽省枞阳县人民医院（2006），广西柳州市工人医院（2006），上海第二人民医院（2007），湖北省武汉某医院（2008），广东省第二人民医院（2009），福建省南平市第一人民医院（2009）
办公	硫酸毁容（1），殴打（2），拘禁（1），被刀捅（砍）伤（1），被刀捅 / 暴打致死（2），打砸医院设施（2），围堵（3）	武汉市第六医院，江苏南京浦口医院（2003），四川省四川大学华西医院（2004），陕西省镇安县人民医院（2004），江苏省南京市鼓楼医院（2004），福建省宁德闽东医院（2005），山东省临沂市人民医院脑科医院（2006），重庆中山医院（2008），福建省南平市第一人民医院（2009）
医院出入口	围攻 / 封堵 / 打砸人与物品（13）	江苏省南京市妇幼保健院（2004），福建省福州某医院（2004），广东省廉江市东升农场医院（2006），广州市华侨医院（2006），河南省内乡县医院（2006），广东省汕头大学医学院第二附属医院（2007），广东佛山市松岗医院（2007），河南南阳市第一人民医院（2007），湖北省妇幼保健院（2009），河南省武陟县妇幼保健院（2009），广东省第二人民医院（2009），福建省南平市第一人民医院（2009），福建省三明市第一医院（2009），湖南省辰溪县中医院（2009）
位置不明	砍重伤至失明（1），殴打致伤 / 残（34），被刀捅 / 暴打致死（5），用医院设施伤医（4），被刀 / 斧捅（砍）伤（6），凌辱（6），打砸医院设施（10），干扰医疗秩序 / 封锁（7），放火 / 威胁（1）其中，急诊科医务人员被袭（1）	郑州康复中心医院（2001），四川华西医大附一院（2001，2002）；北京安贞医院（2001）；湖南省中医学院第一附属医院（2001）；北京协和医院（2001）；广州广东省中医院（2001）；广州协和医院（2001）；深圳龙华人民医院（2002）；湖南省衡阳市南华大学附属第一医院（2002）；宁夏医学院附属医院（2002）；贵州省贵阳市某医院（2003）；河北省任县人民医院（2003），安徽省凤阳县第一人民医院（2003），四川省人民医院（2003），湖南省汨罗市中医院（2004），江苏省南京市人民医院（2004），上海市第二医科大学附属新华医院（2004），湖北省东湖人民医院（2005），广东省湛江开发区某医院（2005），山东省青岛市立医院（2005），吉林省德惠市人民医院（2005），四川省绵阳中心医院（2005），吉林省长春市儿童医院（2005），福建省妇幼保健院（2005），广州黄埔区港湾医院（2005），山东省东营市河口区医院（2006），广东省广州医学院第二附属医院（2006），浙江省新昌县人民医院（2006），广东省惠州市中心人民医院（2006），湖南衡阳中医正骨医院（2006），湖北省黄石市第五医院（2006），浙江省岱山县第一人民医院（2006），北京市电力医院（2006），安徽省枞阳县人民医院（2006），四川省达州市第二医院（2006），陕西省榆林市儿童医院（2007），河南省新乡市第二人民医院（2007），河北衡水市第四医院（2007），泉州中医院（2007），新疆自治区人民医院（2008），杭州湾微创医院（2008），山东省济阳县中医院（2008），深圳中海医院（2008），福建松溪县医院（2008），湖南省株洲市第二医院（2009），河南省武陟县妇幼保健院（2009），浙江省杭州市第一医院（2009），北京市北大医院（2009），重庆涪陵中心医院（2009），福建省三明市第一医院（2009）

给那些做到保证患者在院内的安全、避免患者在院期间丢失等问题的医院加分鼓励；给那些对"医托"、"医闹"打击不严者减分警告；针对那些出现医疗纠纷等恶性事件、重大安全事故的医院则采取一票否决制。此外，2013 年发布的《关于加强医院安全防范系统建设的指导意见》中，明文规定医院要聘用足够的保安人员："保安员数量应当遵循'就高不就低'原则，按照不低于在岗医务人员总数的 3% 或 20 张病床 1 名保安（约 5%）或日均门诊量的 3‰的标准配备。"❶

以北京地区的医院为例。北京作为安全性级别较高的城市，安保措施的力度非常大，表 5-3 为作者调研的若干家医院安保人员数量，均超过了 20 张病床 1 名保安的标准；2014 年 6 月起，北京市医院管理局还对市属 22 家医院投资进行了安防系统改造升级。为了帮助医院更好落实治安管理工作，政府多部门还出台了一系列政策文件（表 5-4）。

医院保卫处人员（不含驻警）比例调研			表 5-3
医院等级	总床位	安保团队	安保人员/床位（%）
某中西医结合三甲医院	380 床	总 29 人；其中医院保卫科 1 人，专业保安团队 14 人，车场保安 14 人（医院地下车库为机械停车，为保证使用安全，特配备保安操纵升降设备取车）。	8%
某综合二甲医院	740 床	总 45 人；其中医院保卫科 3 人，专业保安服务团队 30 人，车场保安 12 人。	6%
某综合三甲医院	1200 张	总 150 余人；其中保卫处职员 11 人，专业保安团队 140 余人。	13%
某综合三甲医院	1498 张	总 219 人；其中保卫处职员 9 人，专业保安团队 180 人，车场保安 30 余人。	15%

❶ 参见：四川省卫生厅网. 国家卫生计生委 公安部印发关于加强医院安全防范系统建设指导意见 [EB/OL]. http://www.sc.gov.cn/10462/10464/10727/10735/2013/11/1/10284355.shtml, 2019-0103.

❷ http://www.gov.cn/zwgk/2005-05/23/content_250.htm, 2019-06.

出于治安管理需要，有关方面对医院建筑提出要求。如 2004 年国务院颁布的《企业事业单位内部治安保卫条例》定义的 10 类高风险等级建筑物中，医疗建筑被列为重点保卫建筑❷；

多部门出台的医院治安管理相关政策文件　　　　　　　表 5-4

发布时间	文件名称	发布机构	内容摘要
2007 年 7 月	关于开展创建"平安医院"活动的意见	卫生部、公安部等	合理规划和建设，改善医疗机构及周边交通秩序
2008 年 3 月	全国"平安医院"创建工作考核办法及考核标准（试行）	卫生部、公安部等	急救车通道畅通，医院内人车分流，主出、入口无堵塞现象
2012 年 5 月	关于维护医疗机构秩序的通告	卫生部、公安部	医疗机构应当接受患者投诉；
2013 年 10 月	关于加强医院安全防范系统建设的指导意见	国家卫计委、公安部	配备专职保卫人员和聘用足够的保安员；设置安全监控中心
2013 年 12 月	关于维护医疗秩序打击涉医违法犯罪专项行动方案	国家卫计委等 11 部委	加强三防系统建设；确保重点区域、重点部门视频监控覆盖率达 100%；具备条件的医院应当建设应急报警装置并与当地公安机关联网
2014 年 3 月	公安机关维护医疗机构治安秩序六条措施	公安部	二级以上医院一律作为巡逻必到点，有条件的要设立警务室；三级以上医院必须设立警务室
2014 年 4 月	关于依法惩处涉医违法犯罪维护正常医疗秩序的意见	最高人民法院等 6 部门	公安机关可在医疗机构设立警务室，及时受理涉医报警求助
2015 年 10 月	关于深入开展创建"平安医院"活动依法维护医疗秩序的意见	国家卫计委等 11 部门	在二级以上医院设立警务室或治安室并落实相关职责；可在门诊量较大的医院开展安检试点
2016 年 6 月	关于印发严厉打击涉医违法犯罪专项行动方案的通知	国家卫计委等 9 部门	做好重点区域安全防护工作；严格落实诊疗区域管理，设立专门人员负责；候诊区与诊疗区应当分区管理，或进行物理隔离；二级以上医院公共区域必须安装监控设备，落实人防
2017 年 7 月	关于印发严密防控涉医违法犯罪维护正常医疗秩序意见的通知	国家卫计委等	二级以上医院建立应急安保队伍，开展安检工作，安装监控设备，加强、积极推动安检安保措施；
2018 年 10 月	关于严重危害正常医疗秩序的失信行为责任人实施联合惩戒合作备忘录	国家发改委等 28 部门	在制度层面上建立了"暴力伤医黑名单体系"

此外，国内很多医院参与的 JCI（国际医疗卫生机构认证联合委员会）认证标准中，针对医院的安全管理开设了安全医院建筑设计咨询项目，分别从安保、安全管理等六大方面对医院建筑环境和医疗设施进行全面评估。大型医学交流网站"丁香园"连续推出两版集纳数千名医生建议的《医疗工作场所防止暴力行为中国版指南》❶，与建筑设计有关的建议多达 11 条。

全社会在关注与行动，而国内医院建筑设计领域，尚鲜

❶ 有 2011-2012 与 2013-2014 两个版本，详见：http://d.dxy.cn/detail/2294075 和 http://6d.dxy.cn/article/56083。

有社会安全（security）方面议题。总体上，国内医院治安环境的改善主要通过"强化人防、物防、技防三防建设"，目前医院建筑设计领域对"医院安全"的关注，聚焦于自然属性安全（safety）问题，包括：建筑使用安全（如防滑跌等）、防火灾和用电安全，以及防止交叉感染、注意职业安全防护和医疗设备运行安全、突发性公共安全事故时的保障服务等。❶❷❸❹我国目前尚无针对医院治安问题的医院建筑设计指南或规范。

也许有人会说：维护医院治安，不是有警察和保安，还有摄像头和门禁，改进医院建筑设计有用吗？有必要吗？

答案是，有用，且非常有必要。

3 建筑设计有助于治安管理

作者曾就"是否听说过医院建筑的预防犯罪设计、是否感兴趣及是否认为有用"征询了医院基建领域同仁看法。37个回复中，70% 表示没听说过；81% 表示感兴趣，想知道"国外是怎么做的"；78% 认为有用，有的补充"有用，但作用有限"或"在一定时期内有用"等类似看法，持否定观点的人认为"这是个社会问题"，或担心"也许会加深医患对立"，认为"专门为此设计不是必须"。

作者曾与大多数人观点一样。但在英国国立医疗建筑研究所（Medical Architecture Research Unit）和美国得克萨斯州农工大学的健康系统设计研究中心（Center for Health Systems & Design）先后访问学习了一段时间后，彻底改变了看法。

城市犯罪一定发生在某城市空间里，城市空间与治安环境状况有无关联？众多犯罪学家、社会学家和规划建筑领域学者基于大量城市犯罪调查研究，已给出肯定答案。国际上，

❶ 孙菊枝，李水根. 对医院建筑防火安全现状的思考 [J]. 医院管理论坛，2006，3：63-64.

❷ 刘志鸿，杜志杰. 14 个细节铸就医院安全堡垒 [J]. 中国医院建筑与装备，2010，8：11-13.

❸ 巴志强，巴芳，郭锡斌. 从医院安全管理和感染控制角度审视医院建筑规划与设计 [J]. 中国医院，2006，6：69-72.

❹ 黄锡璆，梁建岚. 安全医院研究 [J]. 中国医院建筑与装备，2012，12：82-85.

在城市设计与住宅设计等领域，通过改进设计来防范犯罪的研究与设计实践已有 50 多年历史，其中"防卫空间"（Defensible Space）和"空间句法分析"（Space Syntax analysis）等理论方法，成为英美等国医院安全设计研究与实践的理论基石。

英国预防犯罪的医院建筑设计研究已付诸设计实践 20 多年；美国国际医疗保健协会（International Association for Healthcare Security and Safety, IAHSS，成立于 1968 年）针对医疗建筑中的犯罪事件与治安管理问题，于 2012 年 3 月发布了《医疗建筑安全设计指南》（Security Design Guidelines for Healthcare Facilities），2016 年发布了修订版本。

国际医院建筑设计实践已经表明，医院的安防管理举措应将建筑措施排在第一位，把医院建筑的室内外设计当作重要工具解决犯罪治安问题，之后再采用安装安防设施的方式，如装设电子锁系统、警报、摄像头等。安防设备总存在局限性，如北京一些医院门禁多、使用频繁，或维护出问题易坏，不得不增设保安人员在这些地方执勤。此外，对出入口等部位的安防控制，还牵涉到能耗问题等；这些都是建筑安防设计应该排第一位的原因。

因此，虽然安防管理部门是维护医院治安环境的核心职能部门，但是医院建筑本身，除了提供医疗服务，也应该致力于提供良好的安防环境。如前述医院功能部门因开放时间不同的区间穿越、因开放程度不同的区间穿越等引发的治安管理难题，就像医疗流程中洁污分区分流问题一样，应由设计考虑解决并反映在医院空间组织上。

那么，该如何改进医院建筑设计才能便于治安管理呢？国际上已为此开展了大量研究，这里以英国的研究为例。

4 预防犯罪的医院建筑研究

1992 年始，英国 NHS 主导了四项医院室内外环境安全研究，对 Wonford 医院、Greenwich 医院和 Pinderfields 医院三家医院中出现的犯罪问题开展调研，对 Pinderfields 医院改扩建规划设计方案进行了安防设计比较研究，并据此编制发布了设计指南——《防犯罪设计：医院规划设计战略方法》（Design Against Crime: A Strategic Approach to Hospital Planning）。❶

此外，2005 年，英国警长协会（Association of Chief Police Officers, ACPO）发布《安全设计：医院专篇》（Secured by Design-Hospitals）❷，从警察角度讨论了医院预防犯罪和反社会行为需要采取的基本建筑措施，要求从建筑设计入手提高医院场所自身的防范力。

除了这两个官方主导的、具有广泛影响力的研究及成果外，还有学术领域的诸多研究。如洛林·哈里斯的两篇学位论文《纽曼的防卫空间理论能用于规划设计医院急诊部吗？——环境设计与预防犯罪的再论证》❸ 和《医疗建筑安全设计观：预防暴力和攻击》❹。洛林·哈里斯对负责监管医疗建设的多专业学组（MDT）❺ 进行访谈后，确认了医疗环境设计对暴力和攻击的诸多影响，也了解到：在设计初期需考虑安全措施、并将之编入任务书，以及需要设置安全专家负责审查全过程的安全措施落实情况这些观念已是共识，且已经纳入 MDT 工作指南。

篇幅所限，本文详细介绍 NHS 主导的研究与成果，其他从略。NHS 的研究团队来自伦敦大学学院巴特雷特建筑与规划学院 ❻，他们有英国居住区安全研究经验，因此在医院研究

❶ NHS Estates, Health Facilities Notes. Design against crime[M], London: HSMO, 1994.

❷ Secured by Design 是一系列针对公共建筑（火车站、医院、学校等）和住宅如何从建筑设计入手防范犯罪的指导文件，可从 http://www.securedbydesign. com 网站下载。

❸ HARRIS L. Can Newman's defensible space theory beappliedto the design and planning of Accident and Emergency department? Advanced Certificate in Environmental Design and Crime Prevention[D]. The City & Guilds Institute with Oxford Brookes University, 2009.

❹ HARRIS L. Perceptions of Security in Healthcare Design: Preventing Violence and Aggression [D]. London South Bank University, Faculty of Engineering, Science and the Built Environment, Department of Built Environment. 2013-05: 10.

❺ 即 multi-disciplinary team, MDT.

❻ 英文为 the Unit for Architectural Studies at the Bartlett School of Architecture and Planning, University College London, 正是该研究所的比尔·希利尔等人发明了"空间句法"。

中沿用了类似方法：

　　第一步，采集数据。其一，研究医院提供的数百份医院职工上报的安防事件记录。记录须有案发地点，否则无效；去掉记录中 6 类犯罪中概率低的，选两类详细研究。其二，为避免医院员工漏报以及补充安防记录中缺少的信息，发放数千份调研问卷，调查医院犯罪事件的间接影响，如职工的恐惧心理和对医院安防措施的建议等，摸清医院有哪些职工回避的、低安全感场所，建筑用户恐惧与回避的场所，往往被证实与实际犯罪案发场所一致（图 4-11、图 5-3 左）。其三，对医院室内外不同类型空间典型路线观察研究。在此过程中，对医院主要职员随机访谈，以补充信息、提供新观察线索。

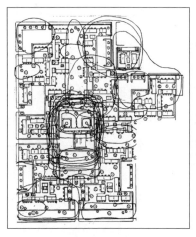

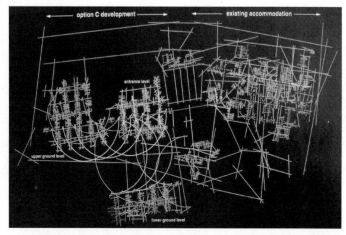

　　第二步，分析数据。上述数据初步整理后，输入计算机进行空间句法分析（图 5-3 右）、视区分析（isovistanalysis）（图 4-11 左）和采用 T 检验（t-test）的显著性检验（significance test）。其中，空间句法基于拓扑计算，形成了一系列形态变量，以定量描述空间构成形式，主要包括集成度（integration）、控制值（control value）和可理解度（intelligible）等。❶ 图 5-3 右图是描述建筑平面的轴线地图，计算机根据变量值高低按

图 5-3　左：纽曼对居民避开的潜在犯罪场所的调研图示；右：Pinderfields 医院改扩建方案整体集成度分析图

❶（英）比尔·希利尔. 空间是机器——建筑组构理论 [M]. 杨滔，张佶，王晓京译. 北京：中国建筑工业出版社，2008.

标准涂色。视区则是一个三维概念，指空间中某个位置所看到的范围，用来分析医院出入口及建筑物中某一位置的视野。而显著性检验作为统计学中非常重要的概念，常用以比较两组实验结果（由两个模型产生）是否具有显著性差异。

第三步，得出结论。其一，医院出入口视野外场地犯罪事件频发；其二，两组空间因素与犯罪频发相关。一是低静态空间使用率和高人群流动量。低的静态空间使用率是医院防控犯罪薄弱空间的一个突出而稳定的特征。相反，高的静态空间使用率将抑制犯罪发生。二是高的空间整体集合度与低控制值，相反，高的局部集成度或高控制值则有利于阻碍犯罪发生。

第四步，设计研究。结合前述研究结论对 Pinderfields 医院改扩建项目的安防设计进行多方案比较研究。使用空间句法分析，找出可理解度有问题的地方及防控犯罪薄弱的空间，之后根据前面医院实地调研结论对之进行修改，采用了调整楼梯位置提高建筑整体集成度和建筑可理解度、改变连廊设置方式提高静态空间使用率以提供自然监督、提高人员流动量大的空间的控制值等方式（图 5-4）。

第五步，提出建议。研究认为医院防范犯罪的建筑物研究数据需要引起重视；医院建筑的室内外设计应当用作重要工具解决犯罪治安问题；该研究的设计指南，不仅要用于医院新建或改扩建项目，也应该单纯从安全需求出发，用于现有建筑的安防设计改造。安防设计应将建筑措施排第一位，在医疗功能不允许等情况下再采用安装安防硬件设施解决的方式，如装设电子锁系统、警报、摄像头等。

基于以上研究成果，英国政府发布了设计指南：《防犯罪设计：医院规划设计战略方法 》(Design Against Crime: A

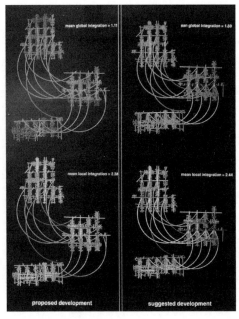

图 5-4 *Pinderfields* 医院方案修改后整体集成度比较

Strategic Approach to Hospital Planning），除此之外，许多 NHS 设计指南中，为预防医院暴力和攻击，对各类医疗设施的出入口、等候区、进出控制、监视（自然的和摄像头的）、交通标识等，都提出了针对性设计建议。

由上述可见，通过研究改进医院建筑设计来帮助改善医院治安环境是经过实践证明的理性路径。国内尚无类似的研究和设计指南。那么，为改善治安环境，当前医院建筑设计领域可以做些什么？

5 便于治安管理的医院设计

医院预防犯罪设计研究与实践的开展在我国具有现实紧迫性，且全社会需要转变落后的安防观念：转变改善治安环境全靠安防工作者和硬件设施的观念，转变医院建筑的功能设计与安防设计不能共存的观念，转变建筑安防设计无用或易加深医患矛盾的观念。

5.1 改进设计团队，安防管理人员参与设计全过程

在设计阶段，当设计方与医院方进行设计方案沟通时，建议邀请医院安防工作人员参与设计沟通全过程。在设计阶段考虑安防需求并着手解决是最有效的，有利于节省资金（减少雇佣安防人员数量等），并提高医务工作者和病患、亲友满意度。

其中安防管理者作为医院运营管理团队的一份子，参与整个设计进程直到最终确定实施方案，而具体负责医院安防事务、有一线工作经验的医院驻警和安保人员，可以参与到设计不同阶段，有针对性地提供设计需求和建议。作者调研时，医院安保管理者反映，他们在新医院设计中未能深度参与设计全过程，或在设计过程中缺乏话语权，导致医院实际使用中存在一些本可以通过设计解决却没有解决的治安管理难题，白白浪费人力物力，如夜间急诊相邻的门诊不能完全封闭问题。

5.2 改进设计观念，安防管理需求写进设计任务书

医院环境安全应被视为医疗机构所提供的优质医疗服务的组成部分。因此，设计团队向医院各医疗部门收集各项医疗设施使用信息和设计需求时，也应向安防管理部门收集医疗设施财产信息，收集药品、档案资料和重要后勤保障设施等安防管理需求，一同编写进设计任务书。同时兼顾医疗功能需求与建筑安防设计需求的任务书，有利于建筑师设计医院时兼顾功能和安防需求，减少不必要的出入口，设置由外及内层层防线，将需要严密防卫的使用空间布置到合适位置（图 5-5）。

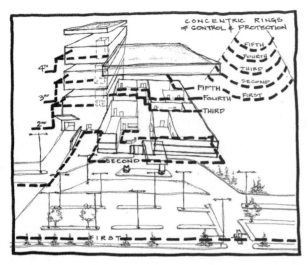

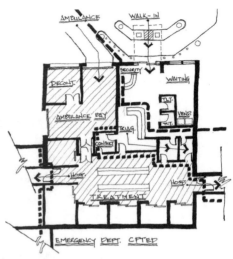

图 5-5　建筑物内外分层实施安防控制示意图（资料来源: IAHSS）

5.3　改进设计程序，设计图纸需进行安防设计审查

施工图完成后，应再次提交设计图纸给安防管理专业人员进行安防专项审查，确认后再交付施工。在加拿大和英国，警察部门参与城市规划与建筑设计前期过程，建筑蓝图不仅要提交消防部门审批，也要送交警察部门审批，并请犯罪学家提修改建议，在建筑设计过程中也会请用户提安防建议❶；美国 IAHSS 则建议由专业人员组成安防设计审查小组，对医院图纸开展安防专项审查，并建议重点审查: 建筑安防分区、出入口分层及控制、交通组织、室内外景观设计与照明等。

5.4　增加本土研究，用实证研究指导医院安防设计

医院建筑安防设计研究是用来回答如何通过改进设计来改善、维护治安环境的。只是我国相关研究才刚刚开始，可用来指导医院安防设计的成果尚不多。虽然英美等国医院安防设计研究走在国际前列，但因社会环境不同，各国面临的治安问题很不同，不能照搬。我国需要大力开展本土研究，

❶ 刘广三，李艳霞. 犯罪预防的新思路: 利用环境设计预防犯罪——奥斯卡·纽曼的"防卫空间理论"述评 [J]. 刑法论丛，2008，2: 432-455.

制定中国的医院建筑安防设计指南。

比如，作者题为《城市综合医院预防犯罪设计方法研究》的国家自然科学基金项目于 2016 年获批立项，是国内该领域为数不多的研究之一。作者拿到的基金专家审查意见都认可了研究的应用价值，即现有医院建筑设计理论或实践几乎没有涉及中国特有的新问题——医院严峻的治安环境问题，都认为"医院治安问题是医疗建筑设计中不可回避的重要问题"，因此，"研究成果若能对缓解这一特殊问题有所贡献，其应用价值可期"。由此可知，该领域多么需要同仁投入研究或鼎力支持。

5.5　具体设计策略举例

针对我国医院治安现状，这里摘取英美医院建筑安防设计策略供参考：

1）安保措施与医疗服务结合考虑，将医院分为夜间与日间区域，设计师需要从其他部门与急诊部的夜间业务关系角度重新审视医院功能布局；在医院规划设计图上，标示医院各部门在 24 小时内的使用时段。确保夜晚营业的医院科室交通流线不穿越日间营业、夜晚封闭的区域，便于锁闭这些日间区域。否则要重新规划功能平面。

2）从防范犯罪角度对仅由医学功能决定的交通路线进行设计改进；比如在医生工作区设置次主街，将医务工作者的人行交通引入次主街，为这些静态使用为主的空间（工作人员办公、更衣室和治疗室）等提供自然监督。

3）从防范犯罪角度调研医院现状，对医院职工的安防需求开展调研，明确职工工作时避开的危险区域、危险路线在何处。基于这些安防需求改进设计，将需要装设硬件设施（电子锁或摄像头）的位置查找出来，有针对性地安装监控设备等加强防范。

4）针对医院治安事件特点更改建筑设计，如等候空间不能过于封闭，可以去掉隔断、在墙上开口以连接等候区与连廊空间，形成自然监督；护士站视野无死角，室外景观不能遮挡出入口视线等；

5）对消防疏散楼梯提出治安防控角度的设计要求。因为防火楼梯有室外出入口，并连接建筑物所有楼层，不常使用并缺乏往来人流监视，是快捷逃跑路线。应对这一问题的方法是修改楼梯位置、在楼梯里安装报警器等。

医院安防设计的难题之一，就是要在安防效果和病人就医体验之间取得平衡。以上设计措施，并不是像防盗网或在医患之间加上玻璃屏障那样强硬冰冷，而是通过实证设计，有效利用人们工作生活的自然监督力量等，加强人们对工作生活的医院场所的安全感，从而改进治安环境质量。预防犯罪的医院建筑设计，关注的是开放且有效的物质环境系统，而非将医院建筑变成城堡。

总之，医院治安事件不单纯是医院管理者、医生、治安管理人员、医疗纠纷调解人员所要面对的，也是医院物质场所容纳、所要面对的社会生活的组成部分。面对社会需求进行设计研究与改进，是建筑师肩负的社会职责。

国内建筑设计领域面对火灾、地震等毁灭性灾害等，会改进设计规范，采取严格的审查措施，那么，面对现实存在的、普遍性的医院安防事件甚至恶性事件，建筑师也不能视而不见，我们要积极开展或协助开展本土研究，制定相关设计指南或规范，至少要回应医务工作者提出的建筑设计安防改进措施。

　　最后借用犯罪学家的话，对于医院大多数恶性犯罪事件，预防犯罪的医院设计这种"情景预防"方式，"看似一种治标不治本的预防，不过它具有针对性和可操作性强的特点，易于收到明显的效果。在不能迅速做到'拨火抽薪'的情况下，'点水'也可'止沸'"。❶

❶　郝宏奎. 评英国犯罪预防的理论、政策与实践 [J]. 公安大学学报, 1998, 2: 51-54.

第 6 章

从 Best Buy 到 Nucleus：
经济型医院演进

		1960		1970		1980		1990		2000
标准制定 NHS制定这些标准来控制医疗设施质量,要求设计师执行			HBN	DBS	CUBITH	MDB ADB DBS CAPRICODE		HBPNs	CIM	PFI
"Best - Buy" **医院模式**				Best-Buy						
牛津模式				牛津模式						
"Harness" **医院模式**				Harness						
"Nucleus" **医院模式**					Nucleus					

HBN
Health Building Notes

DBS
Dsign briefing system

ADB
Activity data base

CUBITH
Co-ordinated use of building industrialized technology for hospitals

MDB
Manufacture's data base

CAPRICODE
Capital project code

CIM
Capital investment manual

HBPNs
Hospital building procedures notes

PFI
Private Investment Fund

前页插图：
图 6-1　英国经济型医院建筑的演进

在中国当前蓬勃发展的医院建设浪潮中，在社会分层、区域经济发展不均衡影响下，承担着社会福利设施角色的公立医院存在两极化发展问题，亟需推介医院建筑的经济性设计观，即公立医院建筑应追求实用、细节上照顾人的需求、让用户感觉舒适、空间和建筑材料上却并不奢侈的设计。一方面，卫生部最近调查显示，诊疗场所"设备环境差"与"看病难"、"看病贵"问题一起位列民众就医问题的前三名，其中"设备环境差"问题主要集中在中、小城市和农村地区。❶另一方面，医疗服务领域在市场化逻辑影响下，一些效益好的高端医院"宾馆化"发展。❷ 不同于以形成良好诊疗康复环境为目的、在医院设置生活化空间的做法，"宾馆化"医院是在大厅悬挂水晶吊灯，或采用石材的西式古典建筑柱式塑造高敞奢华空间等。

作者调研发现❸，"宾馆化"医院反而令低收入民众不自在，甚至引起反感。多数人明确反对建筑华而不实，希望医院建筑不要太奢华，实用、干净、环境绿色就好。此外，90%的调研对象认同"医院建筑环境实用，细节上照顾人的需求，让患者感觉舒适，并不等于空间和建筑材料上的奢侈"这一观念（50.83%选"同意"，39.17%选"很同意"）；54.17%的调研对象同意降低医院运营成本的低标准医院建设（37.5%"同意"，16.67%"很同意"），认为"我们国家，还有很多普通老百姓难以承担昂贵的医疗费用，所以建设低标准医院很有必要"；而26.66%表示反对的调研对象是因为担心"低标准低收费医院等于低水平医院"，认为低标准医院建设会连带降低医疗质量。❹

那么，如何在保障诊疗环境品质前提下，通过建筑设计实现医院建造与运营的经济性目标？英国从"Best Buy"到"Nucleus"医院模式的系列设计研究，针对该问题进行了探索，

❶ 卫生部统计信息中心．2008 年中国卫生服务调查研究：第四次家庭健康咨询调查分析报告 [R]．北京：卫生部，2009-09：74．

❷ 例如，作者 2012 年 4 月 14 日访问王铁林院长时，王院长就认为目前存在医院宾馆化设计问题，他说，"有的医院有资金，就想采用国际一流设备，难免奢侈浪费，而医院跟宾馆的服务不一样，它不需要根据装修标准等分出星级"。王院长曾主导六家医院建设，分别是：黑龙江省牡丹江市两家医院（包括牡丹江心血管病医院）、天津市两家医院（天津泰达心血管病医院和泰达综合医院）、广东省珠海一家医院（珠海中山大学第五医院）。在王院长主持的海南省肿瘤医院建成被政府收购后，目前正主持海南省肿瘤医院的新址创建工作。

❸ 调研以网络问卷方式进行，时间从 2012 年 6 月 14 日到 2012 年 9 月 6 日，样本总数为 120 份。原始数据来源为：http://www.sojump.com/report/1674368.aspx．

❹ 全题为"请选择您对建低标准医院的看法：低标准医院是为了给低收入民众提供相对低廉的平民医疗服务，提供他们必需的保障型基本医疗服务，由政府投资建造建设投资和运营费用都相对低廉的低标准医院建筑（类似廉租房的概念），以降低医疗服务成本。如，这些医院的病房是多人间且不设独立卫生间；建筑装修在保证安全清洁的情况下以简单实用为主；在患者病况允许的情况下，以自然通风采光为主等。您赞同吗？"

本章就对此展开详细介绍。

　　虽然这些医院建设年代已久，但大部分仍在运营使用中、构成了英国医院主体；中英两国国情也不同，但英国理性发展经济型医院的思路仍值得我们思考、借鉴。

1　经济型医院的发展与驱动力

　　英国实行全民医疗体制，医院从建设到运营由英国国民卫生保健机构（NHS）[1] 负责，其全寿命周期耗费的资金由政府从税收中支付。医疗设施建设和运营是 NHS 的最大开销[2]，因此在医院功能达到一定标准（并不追求极致）的前提下，追求建设投资效益最大化成为政府的一贯选择，政府为此采用了系统性、多渠道方式以达成目标。

　　20 世纪 60 年代末期的 "Best Buy"、"Harness" 以及 70 年代中期的 "Nucleus" 等一系列经济型地区综合医院（District General Hospital, DGH）的设计研究和实践推广，均着眼于资金、质量和建造效率的可控性，也正是因为这一特性，它们在英国医院建筑发展史中占据了重要地位（图 6-1）。

　　除了整体性经济型医院的设计、研究与升级、实践推广外，1962 年英国发布了医疗项目投资规范 CAPRICODE 控制建设投资，经过历年修订成如今的 CIM（Capital Investment Manual），增加运营费用（running cost）控制内容。这些医院投资程序对英国医院建筑设计导向产生了重要的影响。

　　此外，NHS 还主导了 "通过设计减少运行费用"（Designing to Reduce Operating Cost, DROC）和关注医院空间使用效率、控制医院规模盲目发展的 "空间利用研究"（Space Utilization Studies）系列；NHS 在 1982 年对医疗设施的使用情况进行了

[1]　全称为 National Health Service，成立于 1948 年。

[2]　NHS Estates, Developing an estate strategy[R]. London: MARU, 2005.

调查研究，出售、转让了部分利用率低的固定资产给新项目提供资金。投资与功能效益最优化也常作为其他主题医院设计研究的基本原则贯穿其中，这些都影响着英国的医院建筑经济性设计的发展。

下面，按时间序介绍三种有代表性的英国经济型医院建筑。

2 Best Buy：用建一家的钱建两家医院

第二次世界大战后，百废待兴，继教育设施和住房建设启动后，英国开始了"医院建设项目"（Hospital Building Program，HBP），大量投资建设医院。随着建设进行，医院建设投资因通货膨胀和其他政府公共支出一起上涨，此时，人们也开始对过去那种企图通过更大规模、更精细也更昂贵的医院建设，"一劳永逸"满足医疗设施持续更新与改建压力的建设观念进行反思，认识到这不应当是唯一方法。

因此，中央政府自 1967 年开始，采用了建设投资更经济的小规模（550 床左右）地区综合医院模式，服务社区 15 万 ~ 20 万人口的医疗需求，提倡"在整体医院设计与建设中取得最大限度的经济性，同时保证可接受的医疗服务水准，以及在投资与运营费用之间取得适宜的平衡"❶，这就是"Best Buy"医院模式（图 6-2）。

"Best Buy"常被译为"百思买"，意为最划算的买卖，这一概念来自消费领域，推广口号是"用原来建一家医院的资金建两家医院"❷——虽然没有完全实现，但通过改进设计和改善整体运营策略，"Best Buy"两家试验项目的建设预算还是比同期、同规模传统医院最低预算低 30% 还多。

这是怎么做到的？答：基于研究、联合医疗服务领域和医

❶ 原 文 为：It called for "the utmost economy in whole hospital design and construction…consistent with maintaining acceptable medical and nursing standards… and a proper balance between capital and running costs". 引自英国卫生部（DHSS）和信息中心于 1973 年出版的宣传册：DHSS, The Best Buy hospitals[R]. Leicester and London: HMSO, 1973: 1.

❷ Susan Francis, Rosemary Glanville, Ann Noble, Peter Scher. 50 years of ideas in health care buildings [M]. London: The Nuffield Trust, 1999.

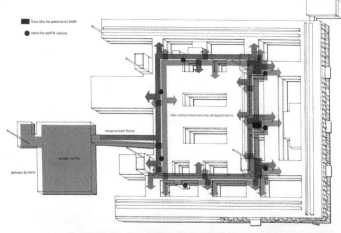

图 6-2 Best Buy 总体功能分析与医院外观
（MARU）

院建筑设计领域联合改进而做到的。

　　首先，"Best Buy"医院模式在评估和充分利用现有资源的基础上，对医院床位和规模进行了压缩。由政府主导对区域医疗资源进行协调，将医院服务与社区保健模式紧密结合，利用社区诊疗资源来减少人们对医院服务的使用。依据的三个原则如下：1）尽量使患者在社区中由家庭医生在专业护士和健康访视者的协助下完成诊治；2）在需要转诊到医院时，完善医院门诊治疗服务和设施（包括日间病房），尽量避免收治患者住院；3）针对住院患者，提高服务管理效率，尽量缩短住院时长。通过上述更有效的利用规划后，每千人急诊床位比率由以前的

3 床降至 2 床，以前需要设置总床位 725 床的医院才能满足的区域医疗需求，现在总床位 540 床的医院即可满足需求。

其次，在建筑形态上，"Best Buy"医院模式医院采用了两层、平面紧凑、中间穿插庭院以进行自然采光和通风的方形平面，设备管线设置于二层楼板下，供上、下两层使用。这一形态是理性分析的结果：

1）英国卫生部（DHSS）主导的研究表明，采用多层病房楼会增加建设投资，也不利于住院诊疗功能灵活性和医务人员优化配备，指状平面相对最便宜，但是同样难以优化部门功能关系布局，流线也过长；2）设计经济性相关研究认为，最经济的建筑进深是 40 ~ 50 英尺（12.19 ~ 15.24 米），在此范围内，庭院式医院可兼顾自然通风采光的优势与功能有效性，在建筑物顶层中部开天窗的话，对自然条件的利用会更充分；3）建筑设计成 2 层主要考虑了交通和电梯设置的经济性，可以非常简单有效地组织物流供应 ❶。

最后，"Best Buy"医院模式从整体出发进行医院空间与设施的跨部门共享设计，比传统医院节省了 20% 的空间。在平面布局上，通过水平交通组织、部门水平相邻的方法形成了三个区域（图 6-2 上图）。核心区是高负荷运转的医疗服务部门；周围环绕着的是负荷次之的诊疗区域与病房，之间设置方形医疗主街连接，其中门急诊通常设置在首层，病房护理单元、手术部和厨房设置在二层；在此一侧设置后勤保障区，并设便于运送物资的坡道与层高不同的诊疗区域相连接。

"Best Buy"医院模式预见了医院服务与社区服务的密切配合，也是首次通过不同医疗服务机构间的协作提供给患者整体性医疗服务的实践应用。此外，最早兴建的两家"Best Buy"式医院相距 300 公里，设计相似，服务不同业主与人群，

❶ 参考自:MARU. RATIONALISATION OF PLANNING & DESIGN [R]. London: MARU. 1968-03: 22.

可视为医院标准化建设的起源。

3　Harness：控制品质与造价的标准化建造

　　始于 1963 年的"牛津模式"（Oxford Method）探索了工业化建造模式在医院领域的应用，并在约 20 家医院中获得成功，这种基于模数化、预制构件装配设计的标准化医院具有建造成本易于控制等优点。随着"医院建设项目"（HBP）进行，新问题暴露出来，牛津模式中的标准化设计有了新用途。

　　这个新问题是，除了财政压力，同时期、有多个主管医院建设的地方机构和建筑师在解决同样的问题，并在重复着同样的研究工作，——这是各自为政式建设的通病。为此，英国卫生部开始着手协调工作，并于 20 世纪 60 年代末，在缺乏专业团队的情况下，为了在全国范围内控制建设投资、保证建造速度和质量，受标准化设计启发，NHS 基于医院功能部门标准化设计推出了"Harness"医院模式（图 6-3 左图）。

　　"Harness"这一名称取自汽车工业中的（wiring harness❶，即"线束"）一词，其工作原理简言之，就是在医院建设时，取用预先设计好的功能部门标准单元，与适宜走向的医疗主街及主街上的机电服务管线相连接即可。如图 6-3 左图所示，

❶　Wire Harness 是按图纸、设计要求，把若干电线组在一起，线端配上端子的线束。汽车装配时，将端子插到对应位置即可，可以提高装配效率。类似人体的血管和神经，线束是汽车的重要部件。

图 6-3　左："Harness"医院模式示意图；右：Best Buy 与 Harness 医院扩张性比较，其中 1- 住院部，2- 诊疗区，3- 后勤保障区

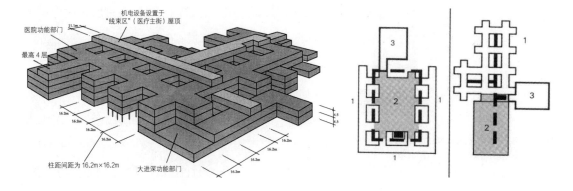

"Harness" 医院模式建筑最高 4 层，层高 4.5 米，所有模块采用 15 米柱网（该尺寸在 "Best Buy" 医院模式中被证明最为经济有效），中间穿插以庭院。

"Harness" 医院模式在实现医学功能专业化的同时，尽可能将建筑设计标准化，例如内部功能空间划分、吊顶设计、储藏单元和卫生间设施的设计等满足严格的标准化加工与衔接尺寸，并符合模数要求，也为结构和机电设备设置了特定区域。在研发过程中，专家团队还建造了建筑试验模块，对建筑设计的性能实效进行测试。

"Harness" 医院模式针对多类型场地而研发，与 "Best Buy" 医院模式相比，更为灵活，功能内容多样并鼓励医院在规划设计控制下适当发展，易于扩建（图 6-3 右图）。更重要的是，在功能内容和场地信息明确的情况下，项目组可在两天内，利用 Harness 体系、取用设计好的部门平面模块连接好，可以创作出若干规划方案。在其中选择出的最佳方案，建造费用明确，能够保证设计与建造的高标准。

"Harness" 医院模式产生于英国经济增长的高峰时期，原计划建设 70 家，但因 1973 年全球石油危机引发的经济衰退而搁置，在实践中被 "Best Buy" 和 "Nucleus" 医院模式取代，最终只在斯塔福德（Stafford）和杜德利（Dudley）有两家完整体现该理念的医院建成，但这两家医院的建设积累了宝贵经验，"Harness" 设计理论中对医院规划发展进行控制的方法原则，也在医院设计理论界被持续使用了多年，影响深远。

4　Nucleus：控制全寿命周期费用的医院

1973 年第一次石油危机爆发，并引发经济危机，"医院建设项目"（HBP）受阻，但医院建设需求仍然存在。1975 年医院建设项目重新启动时，财政控制变得更为严格，为此，英国卫生部建筑师霍华德·古德曼（Howard Goodman）带领团队研究设计出了"Nucleus"医院模式。"Nucleus"译为"核心"，意指分期进行医院建设，首期 300 床的核心医院，在资金许可、需求增长时，可以扩建到 600 床或 900 床。

　　"Nucleus"医院模式基于"Harness"医院模式发展而来，其设计过程大量使用了"Harness"医院模式资料，并参照"Best Buy"的原则缩减规模。但"Nucleus"医院模式更为实用，几何关系更为清晰，分期建设灵活性更高，而且这种灵活性比通用空间（universal space）设计更为经济。医疗建设项目投资规范 CAPRICODE 对"Nucleus"医院模式在实践中的推广提供了有力支持，根据该规范，所有医院建设时都必须考虑采用"Nucleus"医院模式，除非建设方可以出具强有力的理由，因此共有 130 多家"Nucleus"式医院在英国建成。

　　"Nucleus"医院模式主要由多个平面为十字形的、约 1000 平方米的模块组合而来，模块可以上下叠加，所有部门功能都在模块中进行了标准化设计（图 6-4、图 6-5）。和"Harness"体系一样，"Nucleus"的功能模块都与医疗主街相连接，之间形成庭院。模块面积之所以确定为约 1 000 平方米大小，主要

图 6-4　"Nucleus"医院功能模块

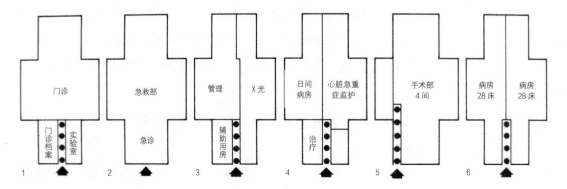

图 6-5 Nucleus 医院实例

基于三方面考虑：1）1 000 平方米是当时英国防火规范中防火分区的最大面积；2）模块宽度可以保证建筑能通过庭院获得充分自然通风和采光；3）模块尺度能满足医院重要部门的功能需求，如手术部。

"Nucleus"医院模式与"Best Buy"、"Harness"一样，都将后勤保障的物流供应集中、独立设置，经由通廊与医疗功能部门连接，并配备物品自动传递装置运送物品。这类后勤保障建筑容纳有库房、加工储存、餐饮、药品制剂、洗衣房、去污消毒及灭菌前准备工作场所，采用与工厂类似结构，造价低廉。

由于"Best Buy"和"Harness"医院模式在运营中暴露了只控制建设投资的局限性，因此"Nucleus"医院模式除了对建设资金进行控制外，将运营费用也纳入考虑。标准化设计加快了医院建设审批程序，并避免了许多过去因施工延误和设计修改增加的造价。

但"Nucleus"医院模式也有缺点，如"Nucleus"医院模式要求尽量减少建筑空间，有时甚至低于已有建设标准，该类医院实际规模小于区域人口医疗服务需求；此外，该医院模式难以适应特殊场地环境或满足当地特殊要求，空间规模也存在与功能有时不相匹配问题，这是因为"Nucleus"医院模式的发展方式是增加模块，但模块面积固定为1 000平方米左右，对于需要发展建设的科室来说可能过大或小。

20世纪70～90年代初是英国经济型医院建设的繁荣期，设计研究、建成项目及政府为此制定的规范标准数量均到达顶峰。在社会经济政治影响下，NHS从二次世界大战后成立至今已历经5次机构改组，20世纪90年代，医院建设被纳入私人融资计划（Private Finance Initiative, PFI），推动英国经济型医院建设的社会机制随之改变，因此，继"Nucleus"医院模式后，英国再未推出新的经济型医院模式。

5 医院的消解：当代设计的大经济格局

"医疗卫生体系的目标，应当是以最低的成本维护健康，而不仅仅是提供尽可能多的医疗卫生服务"❶，社会医疗服务观念的转变深刻地影响了英国当代医院建设。英国目前以发展初级医疗为主导，医疗服务重心从医院向家庭和社区转移，借助医学信息科技的发展实现医疗服务网络的社会协作。大量建设转向提供全科医生服务、护理与康复等社区初级卫生保健服务的医疗中心（Healthcare Centre）中去（图3-10），医院规划不再局限于单块用地内、仅靠改扩建来解决单家医院短期需求，而是提倡在区域医疗服务发展战略框架内，通过对区域内现有医院进行总体建筑评估来确定单个地块的未来规划方案。

❶ 李玲，江宇，陈秋霖. 改革开放背景下的我国医改30年[J]. 中国卫生经济，2008，2: 8.

医院概念也由此发生了变化。以社区医疗中心为基础，日间诊疗医学的发展、诊断诊疗中心（DTCs）的建设（图 6-6 左图），不仅改变了医院的功能结构，也促成了无病床医院的产生，大大缩减了医院造价。与 "Best Buy"、"Harness" 和 "Nucleus" 医院模式将投资控制聚焦于建筑本身不同，当代英国医院建设已将资金控制置于更为宏大的格局中，从根源采取措施，通过医疗服务的社会协作减少医院建设需求，这恰恰是对医院建设资金最大的节省。

图 6-6　伦敦密尔顿凯因斯医院（Milton Keynes Hospital）治疗中心

6　英国经济型医院发展启示

回顾英国经济型医院建筑演进，作者认为，以下两方面对我国当前非常有借鉴意义：

首先，医院建设是系统工程，英国经济型医院设计实施过程是多机构协作的理性过程。如图 6-7 所示，"Best Buy"

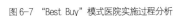

图 6-7 "Best Buy" 模式医院实施过程分析

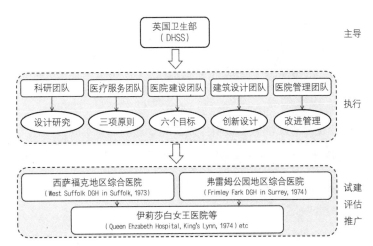

医院模式实施过程中，英国卫生部主导了若干团队协同设计团队工作，"Harness" 和 "Nucleus" 医院模式的实施都沿用了这一工作方式，在 "Nucleus" 医院模式中，医疗项目投资规范 CAPRICODE 还为其推广实施助一臂之力。

　　我国医院建筑发展一直缺乏足够的开放性、协作性与理性。不仅医院间缺乏机构协作，中国医院建筑演进也始终未能与医疗服务提供体系的发展有效互动和联系起来。即使是在 1949 年之后配合计划经济体制发展建设医疗网时期，建筑经济性的发展方式仍是封闭式的（表 6-1），未能建立在与服务体系分级与转诊、医疗服务机构协作等现代卫生事业政策与管理方法结合之上。医改后市场逻辑介入医疗服务领域，政府更难以主导医院建设的资源优化组合了。

　　其次，英国经济型医院建筑设计发展过程是不断检验、修正的理性过程，医院设计创新基于大量建筑技术数据收集分析和设计研究，医院运营后开展的评估研究还为后来的建设提供了实证资料。例如，关于 Best Buy 医院的研究有《规划与设计的经济性原则》（Rationalization of Planning & Design）、《医院与社区服务关系》（Inter-relationship of Hospital and Community

中国与英国经济困难时期、降低成本的医院设计比较（作者自绘）　　　　　　表 6-1

		中　国	英　国
相同点	资金来源	政府	
	目标	控制总体床位规模和床均建筑面积	
	床均面积	63.55 平方米	70 平方米
不同点	医疗定位	把医疗卫生视为居民消费和人民生活组成部分	与教育、住房并重的三大基本福利保障
	方法	基于现状普查	基于实证研究、建筑技术数据收集与分析
	措施	压缩医院建设规模和技术配备力量	开展社会协作，整合区域医疗资源，与社区保健服务相结合，通过缩减医院服务的使用达到压缩医院规模的目的；共享后勤设施，或后勤服务由社会机构提供；开展"通过设计减少运营费用"的空间利用研究等
	医院模式	集中式、分散式与混合式	"Best Buy"、"Harness"与"Nucleus"模式医院
	资金控制	控制建设投资费用	由控制建设费用转向控制全寿命周期费用
	参与团队	以政府、科研与设计团队为主	以政府、科研、医疗服务管理团队、医院管理团队、建设与设计团队为主
	特点	未能充分发挥计划经济体制优势	充分利用全民医疗体系的优势

Services）、《伯里圣埃德蒙医院造价分析》（Cost Analysis of Bury St Edmunds DGH）和《弗雷姆公园地区综合医院空间利用》（Space utilization in hospitals: Frimley Park Hospital study）等。

　　有医院管理者指出，"政府对公立医院建设的投资和管理方式、现有法人治理结构均未形成对医院社会效益有效的运营机制，难以约束医院方主动控制医院建设的经济性和追求效益最大化"[1]，也是医院建筑发展缺乏理性的根源。综上，对比英国方式可知，面向民众对公立医院的经济性设计需求，我国公立医院建设在社会协作、设计研究和政策导向方面需要加强投入力度，这些问题需要学人进一步关注。

[1]　摘自作者 2012 年 4 月 14 日访问王铁林院长的记录，文字已经王院长阅读确认。

第 7 章

什么是好的医院建筑

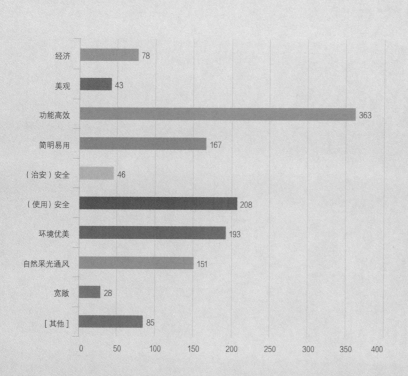

类别	数值
经济	78
美观	43
功能高效	363
简明易用	167
（治安）安全	46
（使用）安全	208
环境优美	193
自然采光通风	151
宽敞	28
[其他]	85

前页插图：

图 7-1　描述"好医院建筑"的关键词调研

"什么是好的医院建筑？"这个问题很难答好。

不过，这也是我从业以来一直自我追问的问题，借机整理思绪并与大家交流一下。与知乎网站《在建筑师的眼中，什么是好的医院建筑？》❶的众多答题者围绕自己喜爱的医院建筑案例展开评述不同，本书本着学术讨论目的，围绕医院建筑的评论方式、医院建筑史中经典案例带来的启示，以及既有研究中构成优秀医院建筑品质的要素三个内容来试作答。

1　两种解题的方式

评价医院建筑主要有两种方式，一是建筑评论的方式，二是设计评分的方式。建筑评论的方式也会包含专业技术方面的内容；设计评分的方式也会包含社会和文化的得分项。

建筑评论的方式，即从历史角度评价医院建筑，在历史进程中审视它是否真正推动（或代表了）医院建筑的发展和进步等。这种定性的评论方式，要求评论者有立场和深厚的思想资源，能够敏锐识别哪些医院建筑是过眼烟云般的庸常之作，而哪些又是进化阶梯式的里程碑之作。在历史长河中纵向串起的经典案例，启发、引导着医院建筑向前发展。

不同的评价立场导向不同的结论，不同社会群体的医院服务需求差异巨大。我国《2008 年中国卫生服务调查研究》表明，高收入群体抱怨"设备环境差"时，低收入群体在抱怨"看病难看病贵"。这是因为，"中产阶级体面生活所需的基本设施，在丁字型结构的下层群体看来都是奢侈的和可以利用来谋生的途径"。由此一来，也许建筑师为某家医院设置的"钢琴厅"，在高收入群体眼里是改善环境的妙笔，在低收入群体眼中却纯属浪费金钱。

❶　详见：https://www.zhihu.com/question/30467275[EB/OL]. 2017−07−31.

　　社会环境与时代不同，评价医院建筑的侧重点也会不同，"什么是好的医院建筑"，现在的答案和 30 年前，甚至和 20 年前都会不同。

　　如 1964 年中国建筑学会举办的医院设计方案竞赛中，评判是以"勤俭建国"为标准，当时认为医院建筑应在满足医疗工作需求的基础上，将投资效益最大化。[1] 但是在 2003 年非典（SARS）时期对小汤山医院进行设计时，由于情况紧急，则需要不惜一切经济代价，达到能够安全有效地收治重症急性呼吸综合征（SARS）患者，并且可以快速建成的目标。

　　医院建筑评论不仅需要从事设计实践和理论研究的建筑学专业人士参与，也需要建设决策环节、使用环节和传播环节的非建筑学专业人士参与。这是为了避免评论仅限于围绕设计环节提意见、只盯着建筑中的一点事情自说自话。英国政府就曾反思，在 20 世纪 60 年代和 70 年代英国建造的很多医院建筑估计只有医疗建筑师满意。[2]

　　再来看看设计评分的方式。设计评分依据医院建筑设计质量评价标准或某一建筑性能评价标准，进行逐一评测计分，得分高者为佳。医院性能复杂，因此有多种设计评分的主题。例如英国针对医院建筑整体设计质量研发了一系列评分标准，有《NHS 设计审查组指南》（NHS Design Review Panel Guidance,2007）和《优秀医疗建筑设计评估手册》（Achieving Excellence Design Evaluation Toolkit,2008）等；针对医院建筑某方面性能的评价标准，除了医院建筑绿色专项评价标准外，还有针对职工和患者环境设计的《医疗建筑环境评估手册》（A Staff and Patient Environment Calibration Tool）等。

　　当代建设多采用设计评分的方式遴选最佳方案。好的评价标准还可用来引导设计朝更优秀特质方向发展，或帮助医

[1]　李启元. 医院设计竞赛优良方案评介 [J]. 建筑学报，1964，9：10-20.

[2]　NHS Estates. Better by design: pursuit of excellence in healthcare buildings[M]. London：HMSO, 1994.

院建设主管机构形成（并管理）设计要求等。这种以定量为主的评论标准不仅需要进行科学、系统的方法设计，还需要大量实地调研的数据支撑。

设计评分多采用分项打分的方式。把复杂的医疗建筑设计问题分解为可操作、有限的问题集合，这样不仅可以避免简单直接地给出一个主观的总分，而且更易于思考。不过，医院项目总分高或低并不能完全反映设计质量的高下，这是由设计的自然属性决定的，即设计不可避免地包含着权衡取舍，因此所有得分项都最高的建筑设计是不可能存在的。常见的情况是，某一条目得分较高的设计在其他条目上难免会得分较低。

2　历史淘洗的典范

建筑评论家周榕曾说："建筑史必须淘洗出与文明发展最为匹配的经典形式：建筑史无视平庸，忽略极端，更不屑于机巧，只关注'幸存'——在文明演替的宏大区间中经历重重时空淘洗仍得以持存的思想、形式、人物、与事件——唯有历史的幸存者才有资格定义文明的价值观。"❶ 对此，作者选取医院建筑史中的两个经典案例为例进行说明。

第一个案例是 18 世纪中叶后期出现的、采用广厅式（Pavilion Design, 即南丁格尔式）病房（图 7-2 上图）的医院，它使医院建筑彻底摆脱了早期宗教附属设施的身份，成为一种新的建筑类型，并在世界范围内广泛应用，——19 世纪末我国国门被迫打开时，随西方教会活动传入的西式医院即为广厅式医院。其之所以影响深远，在于广厅式医院是针对卫生需求进行设计建造的，没有沿袭早期医院"为神而建"、围绕宗教仪式需求进行布局的空间模式（图 7-2 下）。

❶ 周榕，人法天工——站在建筑史门槛上的李兴钢 [J]. 城市环境设计, 2014, 1: 33.

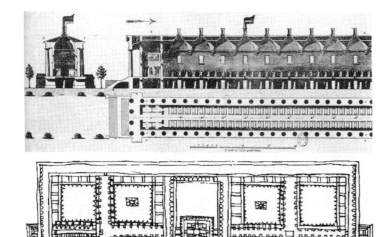

图 7-2 上：由 Julien David Le Roy 设计于 1775 年的广厅式病房平面和剖面图 ❶；下：意大利米兰马乔雷医院设计图（1456 年），位于平面与立面正中间是中央祭坛 ❷

　　在此之前，英国女护士南丁格尔（Florence Nightingale，1820 ~ 1910 年）在克里米亚战争（Crimean War，1853 ~ 1856 年）中呼吁建造的、由英国工程师伊桑巴德·金顿·布鲁内尔（Isambard Kingdom Brunel，1806 ~ 1859 年）设计的装配式 Renkioi 战地医院，将原战地医院中 42% 的病患致死率降到了不到 3%！令人震惊的消息传出后，医院建筑需要针对卫生需求进行设计开始广受重视，南丁格尔通过实践观察，以卫生洁净的空气需要、提升医疗效率等目的，提出过一系列医院建筑设计观点，在这些观念影响下，广厅医院开始盛行，后来该模式的医院也因此被称"南丁格尔式医院"。

　　甚至在现代医院出现后，已经有百余年历史的南丁格尔式医院仍以其良好的建筑用户体验而持存，例如圣托马斯医院（St.Thomas Hospital）针对各时期病房建筑中的各人群对建筑环境满意度的调研表明，现代医院建筑设计以功能效率为目的却忽视了使用者的环境感受，反倒不如南丁格尔式

❶ 资料来源：Thompson, J., 1975: 135.
❷ 资料来源：Thompson, J., 1975: 31.

病房综合满意度高❶（详第 4 章第 4 节 4.8 "医院建筑评估研究"）。

第二个案例是现代医院建筑发展的里程碑——英国约翰·威克斯（John Weeks）主持设计的伦敦诺斯威克公园医院（Northwick Park Hospital，1966～1970 年）。当医院成为社会的医学技术中心后，从长期来看，医院整体通常存在不同的程度扩张，具体到各个功能部门，则可能扩张或者萎缩，这种情况在大型综合医院中表现尤为明显。基于这一现象，约翰·威克斯开始认识到，理性、连贯完整的医院形式更多是建筑学逻辑而非医院真实需求，于是以医疗服务街连接各功能部门的规划构想开始在他心中萌芽，约翰·威克斯用"机变建筑"（Indeterminate Architecture）为之命名❷，并最终将这一理论运用在了大型教学医院伦敦诺斯威克公园医院中（详见第 4 章第 4 节 4.4 "医院总体规划研究"）。

诺斯威克公园医院的建筑设计放在建筑堆里似乎毫不起眼，但因回应了医院组织的本质需求，从医院规划设计开始就把医院"生长"和"变化"的不可避免特性考虑在内，由此成了对现代医院建筑发展影响深远的经典之作（图 4-11）。

无论是南丁格尔式医院，还是诺斯威克公园医院，这些模式和个案之所以成为对医院建筑发展影响深远的里程碑式杰作，借用张路峰教授在《设计作为研究》一文中评述经典建筑作品的话来说❸，是因为它们并非那种解决"一个"具体问题的设计，它们解决的是"一类"问题。这类医院设计作品或开拓性地指向了卫生需求，或指向了医院组织长期发展不可避免的"生长"与"变化"需求等这些普遍性问题。因为它们是针对某"一类"问题的独创性解决方案，因此对医院建筑这个文明的共同体产生了转折性影响。

❶ MARU. Ward evaluation: St Thomas' Hospital[R]. London: MARU. 1977.

❷ John Weeks, Indeterminate Architecture [J]. Transactions of Bartlett Society. 1964, 3（5）.

❸ 张路峰. 设计作为研究[J]. 新建筑, 2017, 3: 23-25.

3　好设计的加分项

如果说来自医院建筑史书的医院建筑经典之作是属于"达则兼济天下"者的目标，那么，学习掌握既有研究中的优秀医院建筑设计评价要点，将之落实到实践中，则是众多职业医疗建筑师可以达成的目标。如前文所述，既有整体性的又有专题性的设计评价标准可循，除了前面举的英国的例子，我国的《绿色医院建筑评价标准》GB/T51153—2015 也属于这类专题性评价标准。

虽然我国目前尚无整体性的医院建筑设计质量评价标准，但注重未来发展的医院总体规划观念、强调科学性与效率的功能流程设计观等在实践中已广泛引起重视并得到应用，鉴于此，作者从既有研究中摘录五个易被忽视的加分项与大家分享。

3.1　融入社区环境

医院建筑应肩负起改善和融入社区环境的社会责任。传统医院常令人联想起以下词汇："封闭"、"神秘"、"传染"、"戒备森严"、"不宜久留"……实际上，作为公共建筑之一，好的医院建筑应该与其他公共建筑一样，"从内而外都是令人愉悦的"。

医院建筑应当能够激发当地社区活力，既要尊重环境，也要成为提升环境的"好邻居"，令社区居民自豪。例如荷兰如今非常重视医疗设施的社会功能，不再将医疗设施从社会和城市空间中孤立出去，向社区开放后，医院建筑更像愉悦的城市公共场所，世俗化的医院氛围也缓解了患者的紧张情绪。作者在阿姆斯特丹 AMC 医院参观时，院长自豪地说医院餐厅的厨师水平极高，当地居民都来此就餐甚至举办婚宴（如图 7-3）。

图 7-3 荷兰阿姆斯特丹 AMC 医院外观和中庭

公立的医院建筑还要有助于提升政府公众形象，反映地方卫生事业的愿景与价值观。欧洲的公立医院被视为社会福利设施，由此医院建筑少见高档奢华材料，多见精美细节与巧妙动人的空间形态（图 7-3、图 7-4）。我国黄锡璆博士带领团队设计的许多医院建筑，如佛山市第一人民医院和苏北人民医院等诸多公立医院项目，也属于这类建筑材料普通耐用、外观简朴而空间体验丰富的福利型医院设计作（图 7-5）。

融入社区，不仅仅意味着建筑形体与社区环境在视觉层面上的协调，更重要的是医院建筑经由精心设计具备了"外向型"性格，即社区民众易于理解和使用建筑。毕竟，除了医务工作人员和复诊者外，对于到访医院的多数用户（患者、家属与探视者）而言，医院都是陌生场所，也没有任何一家医院会培训用户如何使用医院建筑。对医院而言，与城市交通衔接顺畅，建筑外观辨识度高，在社区中易于找到院区出入口和前去就诊的建筑入口；进入建筑后，容易找到公共服务

图 7-4　英国伦敦米德塞斯医院

图 7-5　苏北人民医院

设施，内部空间的交通与功能组织有逻辑可循等，这些都是
医院建筑"外向"的表现。

3.2　提升经济效益

好医院建筑的设计与建造费用也许不是最便宜的，但也未

❶ 李强 . "丁字形" 社会结构与 "结构紧张" [J]. 社会学研究 . 2005, 02: 55.

必贵很多，而好的医院建筑设计有利于医院建设投资效益最大化。这是因为，好的医院建筑设计不仅适用于当前和未来用户所需，还可以降低建造投资或全寿命周期内的运营费用。

我们在第 6 章 "从 Best Buy 到 Nucleus：经济型医院演进" 中讲过，英国追求医院建设投资效益最大化成为政府的一贯选择，并采用了系统性、多渠道的方式达成目标，对国内当前医院建设而言，其中有很多思路值得借鉴。毕竟，作为发展中国家，我国医院建设更需要强调设计对医院经济效益的提升。除了经济实力雄厚的城市大型综合医院，我国还有很多经济欠发达地区的城镇医院呼唤低运营成本的高质量医院设计。

社会学家李强教授指出，我国社会结构总体上是倒 "丁字形" 结构❶（图 7-6），那一横代表数量巨大的基层群体。真正适用于该群体的医院，是类似于北京市上地医院这样的平民医院（或称为惠民医院、贫民医院、济困医院等）。实际上，这类医院不仅数量难以满足该群体需求，既有建筑品质也堪忧（图 7-7）。

另外，我国建筑设计市场还存在着设计取费与总造价挂钩的问题，低造价医院项目很难吸引到高水平设计团队，设

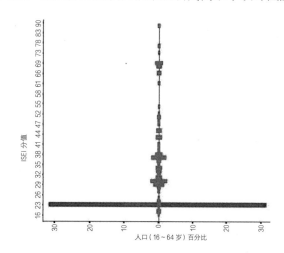

图 7-6　我国社会经济地位结构图形

计研究的驱动力也很薄弱，好医院建筑设计，需要在市场经济环境中做更多"逆流而上"的工作。

图 7-7　北京市上地医院

3.3　回应本质需求

当代医院建筑设计正在突破工业时代医院建筑功能效率至上的传统，寻求对医疗本质需求的回应。医院起源之初的目标是为了给患者提供医疗服务，但该目标在工业社会的医院运营过程中逐渐被异化为管理效率，这成为患者"非人性化"建筑体验的结构性根源。虽然医疗服务的切分和标准化提高了工作效率并最终使患者获益，但是当患者身体状况转化为数据和表格，按规定程序在医务工作人员之间传递时的非人性化感受，以及冗长繁琐的流程等，都会严重损害建筑环境给人的愉悦感受。

医疗的本质既包括医疗功能，也包括用户体验，医院建筑应不拘泥于建筑设计的教条，既需要回应单个医院的这些医疗本质需求，也需要回应医院所在卫生服务体系中的医疗需求。

医疗建筑独特而复杂，不仅用户群体特殊、建筑功能性强、运营起来四季不停休甚至 24 小时持续运转，而且作为社会功能部门，医疗设施兼具福利性与经营性。因此一家医院不仅是一栋建筑物或一项建筑设计作品，还是一个活的有机体，无论以何种方式建造，都将由一群人运转，为另一群人提供服务，而后者多数是身心虚弱的患者，或为亲人病情焦虑不安的家属。

如图 7-4 左图和图 7-8 所示，为方便公交车和出租车等车辆停泊和乘客上下，图中英国、德国和荷兰的医院都设计了超长的、可以直达医院主入口的雨棚。再如，伦敦诺斯威克公园医院积极回应了医院的生长需求，采用了用主街连接各功能体的布局，并没有传统建筑所谓的正立面和正入口。这种打破常规手法的雨棚和建筑形体处理，正是源于对医疗本质需求的回应。

图 7-8　左：德国 Asklepios 医院入口；右：荷兰 Vlietland 医院入口

3.4　环境易于辨识

"环境的治愈力"日益被我国医院建设方重视，实践中也成效显著。英国《医疗建筑环境评估手册》共有八个条目，其中七个为我国人熟知并用于实践，如：注重患者隐私、提供交往空间和充分尊重患者；提供良好的景观视野；便于患者接触自然和进行户外活动；环境舒适和患者易于控制环境等，其中权重高的得分项，例如"为患者提供一处交往场所"、"职工和患者长期待的地方有窗户"、"室外景观宁静"、"有趣"和"能看到绿植等自然景物"、"患者能够方便外出活动"、"患者和职工能控制人工照明"、"注重设计避免了噪声"、"室内环境家居化设计"、"顶棚趣味性设计"、"便于患者亲属或朋友陪夜"等，也在各地医院建筑设计实践中有不同程度的表现。

　　康复环境在赏心悦目的同时，还需要被赋予场所必需的辨识特征（见表 7-1）。英国建筑师约翰·威克斯认为，从使用感受出发，医院需同时具备两种尺度，一种是通过易懂易用的简单形式在各功能单元内部营造具有亲切感和归属感的小尺度形象；一种是以高辨识度的异化元素为各功能单元在医院整体层面上打造具有领域感的大尺度形象（Week J,1979）。❶ 他还认为好医院应室外易达、室内交通和方向明晰（Week J,1984。）❷

ASPECT 评分表示例				表 7-1
C5: 场所的可辨识度				
第 5 部分，是关于医疗建筑对于使用该建筑的职工、病人和探视者而言，易于了解的程度。城市、区域、建筑、各功能部门和房间，应该有明确的识别性和差异性，有等级结构。人们普遍喜欢那种非均质、非同类别，但丰富且尺度有变化的场所。通常，平面应当清晰易懂，由此容易识别路径，少依赖标识和图示。				
编号	描述	权重	分值	备注
5.01	当你抵达一栋建筑时，它的入口很明显			
5.02	建筑的布局方式易懂			
5.03	建筑里的空间体系有逻辑层级			
5.04	当你离开建筑时，出去的通道很明显			
5.05	该去哪里找医院员工很明显			
5.06	建筑不同部分有不同特点			

　　如图 7-9 所示，医院的建筑设计采用了天窗、开敞楼梯和不同色彩标示室内不同功能区域，增加了环境的功能辨识度。医院室内环境背景色淡雅，仅咨询台、电梯或开敞楼梯等

❶ Hoare J, Weeks J. Designing and living in a hospital: an enormous house[J]. The Royal Society of Arts Journal, 1979, 7.

❷ John Weeks, Approachable Hospitals[J]. Hospital Development. 1984, 12（3）: 21-22.

图 7-9　左、右上：德国 Asklepios 医院；
右下：汉堡大学附属医院

公共服务设施采用少量鲜艳色彩凸显出来，再结合标识信息，既悦目又容易寻找。病患辨识场所依靠的信息多元化，大大提升了效率。

在国内医院建设中常常被人忽视的，正是场所的可辨识度。图 7-10 所示为国内两家医院室内，用户辨识公共服务设施基本上只能依靠文字标识系统，信息获取效率低，这种环境中，医护人员会将更多的时间花在为病人指路上，浪费了珍贵的人力资源。

上述设计手法在提供便利的同时，并没有过多增加建设投资。此外，建筑审美与空间艺术虽有"各花入各眼"的主观感受，公众与患者对医疗建筑的看法或许与设计者不同，但好的建筑还是应该具有向上的力量，并能给予患者更多的精神鼓励和情绪慰藉。在医院建筑的关键区域，例如入口、走廊、

图 7-10　左：我国某医院住院部大厅；右：某医院门诊大厅

等候和休息区，建筑师都可以发挥专业所长，给出令人欣喜的建筑空间设计，这些空间同时可以成为复杂医院地图中的"地标"，作为指路时的参照物，或可作为约定地点。

3.5　设计容错容弱

好的医院建筑还要善于"容错"，能够包容通常认为是错误的使用方式或行为状态，即能够容纳与原设计目的不同的功能，或者能够以最少代价调整为其他功能所用。即使以严谨著称的英国医疗建筑理论专著中也指出：设计功能部门时，不建议针对某类医疗服务需求进行太过专业化的设计。❶

医院建筑建设周期长，而社会医疗需求、医学技术发展日新月异，为了避免医院建成即落后的现象，医院建筑采用易于调整功能以应对发展变化的弹性设计已是常识。我国医院中广泛存在的"正确设计，错误使用"的现象，实则是设计"容错"度不足的表现。

为达到"容错"目的，荷兰医院建筑设计采用了宽松面积标准的通用化设计。如 Vlietland 医院设计时，建筑师从"梳形"、"条形"和"蛇形"三种布局中选择了更为灵活的"蛇形"方案（图 7-11）。然后按改造难易程度将各部门布置到建筑的不同位

❶ Susan Francis, Rosemary Glanville, Ann Noble, Peter Scher. 50 years of ideas in health care buildings[M]. London: The Nuffield Trust, 1999.

置：图 7-11 下中图，标圆圈区域为低灵活区域，用来设置大型医疗设备用房、手术部及其设备层等；标三角区域是中灵活区域，若有需要可以迁出；而标星形区是高灵活区域，用来应对未来变化。建筑剖面采用相同层高以便于调整功能。

好的医院建筑也要善于"容弱"，"弱"的主体当然是患者。医院原本为救死扶伤而建造，但工业时代以来医院管理的科层化发展和当代医院注重经济效益的运营方式，使得服务目标逐渐异化为了注重管理效率。诊疗过程被切割后，医院中的病患，尤其是年老或幼小的患者，反倒需要耗费更多心力

图 7-11　荷兰 Vlietland 医院。上图从左至右："梳形"、"条形"和"蛇形"布局；下左：交通组织示意图；下中：弹性设计示意图；右中：首层平面图；右下：鸟瞰图效果图

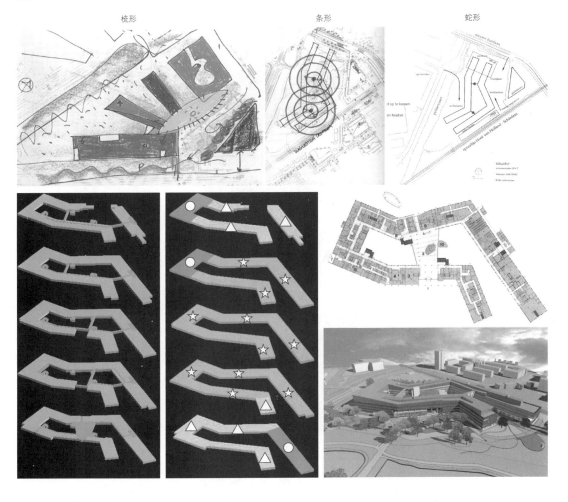

逐个分辨空间功能，在复杂陌生的诊疗流水线上往返"传输"自己。传统门急诊、医技和住院部的三分式布局模式，就是工业思维下诊疗服务被切割的产物。

"一站式"医疗服务与多中心式医院布局，力图解决诊疗服务被切分的问题。2012 年开业的北京协和医院北区仍采用了三分式布局模式，而 2009 年开业的荷兰斯希丹 Vlietland 医院则采用了多中心布局模式（如图 7-12），这说明我国医院建设目前仍处于强调服务效率的阶段。

因此不难理解在作者调研中，医院流程复杂位于我国民众当前最在意的医院建筑问题首位（图 7-13）。在另一项调研

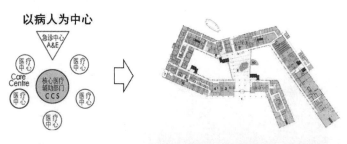

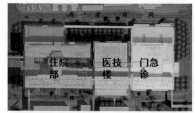

图 7-12　上:荷兰 Vlietland 医院 下:北京协和医院北区功能布局分析

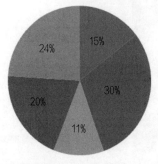

■建筑环境 ■就医流程 ■外部交通 ■只重医疗 ■其他问题

图 7-13　当代医院建筑问题调研

中，作者请受访者参照如图 7-1 中的词语，选择三个词（也可使用其他词汇）描述心目中好的医院设计，"功能高效"仍是大多数人的选择。一名建筑学教授甚至回复道："方便、方便、方便"，并补充："患者去看病，只在乎是否方便，其他都顾不上了。"

设计的"容弱"还包括包容被忽视、贬抑甚至排斥的其他弱势群体的空间诉求，例如家属、保姆、清洁工和维修工等。相比患者而言，这类人群的需求更容易被设计师忽视。这就要求参与医院设计沟通的医院工作人员代表要有足够的广度和深度，除了医生和护士外，还有影像科技师、设备维护工作人员和清洁人员，对他们的经验与使用诉求的收集和沟通也十分重要。

调研表明，医院建筑中诸多使用问题如图 7-14，正是因为设计人员在设计之初没能与这些人群就使用需求进行沟通。北京建筑大学教授格伦指出："设计师与医院方的沟通存在漏洞。在建筑使用后评估课题调研时，我们发现了很多问题，有些属于低级错误。我们就问医务人员当初为什么不把实际的使用需求告诉设计人员？这样能够避免使用上的不便。但医务人员却说，没有人来征求他们的意见，建好后就让他们直接使用。从中可知，设计师在设计阶段收集使用者的需求时，并未得到全面的信息。"

图 7-14　我国武汉、新疆和北京地区的某些医院露天转运患者和资料情景

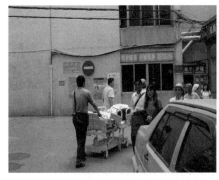

3.6　独善其身或兼济天下

好的医院建筑不仅是主创建筑师的个人作品，也不仅依靠设计团队就能达成，正如建筑评论家周榕所说："一座建筑在物质形态上的成型，远远超出了专业组织的范畴，同时还是更广泛的社会组织进程的环节与结果。"❶ 医院建筑是社会的系统工程，不同的医学社会环境成就不同的医院建筑。

好的医院建筑是"自下而上"的，需要"容错"与"容弱"；它也是"自上而下"的，需要医学社会大环境的改变。即便大家都熟知多中心式医院布局模式的优点和设计手法，但只要所处的医学社会环境不变、医疗组织管理模式不变、医疗服务重心不变，三分式布局模式就仍能够盛行于世。

那么我们该怎么做呢？我的建议是，"穷则独善其身，达则兼济天下"。即，凭各人的才能，竭尽自己的能力在既有框架中做出尽可能高品质的医院建筑设计，尽力解决好"单个"问题；能力是逐渐长进的有能力和才华者，可以在医院建筑设计创作时，把作品放置于历史与未来中思考，追求"一类"问题的解决，推动医院建筑向前良性演进，在医院建筑史中留下里程碑。

❶ 周榕. 解放的空间 超建筑组织的多重路径 [J]. 时代建筑，2014，1：32.

第 8 章

医院建筑方案理性择优

功能性
・使用
・易达
・空间

影响力
・特点及创新
・形式及材料
・员工及患者的环境
・城市及社会的融合

加分

优秀

加分   加分

・运行表现
・工程系统
・建造施工

建筑品质

❶ John D Thompson, Grace Goldin. The Hospital: a social and architectural history[M]. New Haven: Yale University Press, 1975: 253.

❷ 原文为："an operating theatre is more a surgical instrument than a building"。
摘　自：Jeremy Taylor. Hospital and Asylum Architecture in England 1850–1914[M]. London: Mansell Publishing Limited, A Cassell Imprint, 1997.

❸ 图 8-2 为荷兰医疗机构委员会（NBHI）2007 年开发的医院模型。NBHI 将医院分为四部分，其中核心区域是医院独有的技术与护理密集型功能部门，如手术部、影像诊断和重症监护部门；住宿区域是医院的低护理部分，主要功能是简单医疗护理和居住，类似于旅馆；办公区域则包括行政管理用房和类似办公的门诊科室；工业化区域指那些可以采用流水线进行生产、业务可以外包的功能部门，如营养厨房、实验室和制剂室等。详见：郝晓赛. 荷兰医疗建筑观察解读 [J]. 建筑学报，2012. 522（02）：68-73.

❹ John D Thompson, Grace Goldin. The Hospital: a social and architectural history [M]. New Haven: Yale University Press, 1975.

1　医疗建筑设计质量评价具有独特性

医疗建筑独特而复杂。医疗建筑的用户群体特殊、建筑功能性强，全寿命周期四季不停休，甚或 24 小时持续运转……作为社会功能部门，医疗设施兼具福利性与经营性，世界上很多国家、政府的公立医疗设施和私人医疗设施并存……这些均赋予了医疗建筑独特而复杂的特性。

拿医院来说，一家医院不仅是一栋建筑物、一件建筑设计作品，还是一个活的有机体，因为无论以何种方式建造，它都将由一群人运转，为另一群人提供服务。❶ 而接受服务的另一群人，多数是身心虚弱的患者，或为亲人病情焦虑不安的陪同者。

早在 1911 年就有人说过，"一间手术室，更像外科工具而不是建筑物。"❷ 有研究表明，医院中类似手术室这样的核心空间约占医院总建筑面积的 47%，这些建筑空间都可视为医疗工具的外延（图 8-2）。❸ 因此，约翰·D. 汤普森和格雷斯·戈丁在《医院：一部社会与建筑学的历史》一书中谈论当代医院问题的研究方法时感叹："常见的建筑学衡量标准在医院建筑中是失灵的。"❹

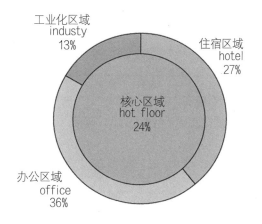

图 8-2　NBHI 的混合模型

那么，该如何科学合理地遴选出好的医院建筑设计？能够系统、理性地回答这个问题并不容易，但必须要尝试去思考、回答。因为在医院建设实践中，不仅专业人员（设计师）要面对这个问题，并进行自我追问，把答案当作设计导向；医院建设业主方、公立医院投资决策方等非专业人员也需要知道答案，以遴选优质方案。

作者针对医院建筑设计质量相关问题开展的一项调查研究❶结果表明（表 8-1），国内亟需开展相关研究。几乎所有受访者（约 98%）均认同高质量医院建筑设计对建设与运营一家医院的重要性，绝大部分人（约 88%）认为有必要制定"医院建筑设计质量评价标准"，且绝大多数人（约 91%）认为不能简单套用普通公共建筑设计评价标准来评价医院建筑设计的优劣，虽然受访者多数（约 35%）在工作中不会遇到医院建筑设计质量评判的问题。

医院建筑设计质量相关问题调研　　　　　　　　　　　　　　表 8-1

	问题	回答		合计（人）
		是（%）	否（%）	
1.	从实际工作来看，好的医院建筑设计，对建设与运营一家医院来说，重要吗？	334（98.23%）	6（1.76%）	340
2.	"什么是好的医院建筑设计？"您工作中是否遇到过这个问题？	222（65.29%）	118（34.71%）	340
3.	"什么是好的医院建筑设计？"这个问题是否很难回答	224（65.88%）	116（34.12%）	340
4.	您是否认为需要制定"医院建筑设计质量评价标准"	300（88.24%）	40（11.76%）	340
5.	评价医院建筑设计优劣，是否简单套用普通公共建筑设计评价标准即可？	30（8.82%）	310（91.18%）	340
6.	合计（人）	1110	590	1700

与我国当代医院建设中的设计产出相比，医院设计研究投入极度匮乏是不争的事实，其中，研讨医院建筑设计品质的专题文献更是少之又少。此外，由于医院建设决策团队普遍由大量非专业人士组成，承接医院项目的设计团队也未必都是由熟

❶ 调研开展于 2016 年 5 月 30 日至 6 月 1 日，主要通过在微信圈发布并传播麦客制作的网络问卷的方式进行，收到 340 份回复，受访者包括医疗建设领域人士、建筑学学生和其他领域人士等。

知医院建筑的设计者组成。因此，当前医院建设实践，不仅需要探寻该如何科学合理地遴选出好的医院建筑设计，也需要以易于非专业人士理解、利于专业人士使用的方式给予回答。

所幸有先例。同样面对大规模医疗建设中专业人才缺乏、设计决策存在跨专业障碍等建设问题，英国曾对此开展研究，并陆续推出一系列面向医院建设领域各方人士的设计质量评价指南和评价工具，为遴选优秀的医疗建设设计提供有据可循的条文标准。

在英国当代医院建筑设计研究体系中，设计质量评价是贯穿医疗设施建设、使用全过程的四种评价之一。本书的"设计质量评价"中的"评价"（evaluation）一词也叫评估，根据介入医院建设阶段的不同，可以分为"前期决策评估（pre-evaluation）"、"设计评估"（design evaluation）、"建设评估"（construction evaluation）和"用后评估"（Post Occupancy Evaluation, POE）四种。医院性能复杂，各个阶段有多种评价主题，不同专业和不同医疗机构对评价内容需求也不同，评价规模也可大可小。

国内目前有"前期决策评估"和"使用后评估"等专题研究，如格伦教授的国家自然科学基金资助项目《医院建筑前期策划及设计过程的系统化控制措施研究》和北京市自然科学基金项目《综合医院建成使用后评估系统方法研究》。但国内目前尚无医院建筑的设计评价标准也没有开展设计评价方法的研究。

为给国内医疗建设提供借鉴之资，下文从发展背景、主要评价工具和特点评析三方面介绍英国的相关经验。

2 英国医疗建筑设计质量评价的发展

英国自 NHS❶ 成立以来，开始由政府承担医院的建设与

❶ NHS 全称为 National Health Service，即"英国国民卫生保健机构"，成立于 1948 年。

运营，在 20 世纪 50 年代、70 年代均开展过大规模医院建设，随着环境治愈力和对工作人员的正面影响开始广受重视，以及医疗建筑后评估（POE）研究的开展，NHS 决策层发现，"特别是 20 世纪六七十年代"，英国"建造了很多估计只能吸引建筑师的医院建筑"，❶ 低劣的建筑环境使原本优质的医疗服务大打折扣，而医院本该同其他公共建筑一样，"从内到外内外都是令人愉悦的"。

NHS 决策层逐渐认识到，对于非专业人士（如医院建设决策者）而言，建筑设计的优劣通常难于评判，这不利于医院建设。如果掌握设计决策权的业主不了解设计质量的相关知识，即使建筑师再优秀，其合理建议得不到采纳，仍然难以保证设计质量。为此，有必要使业主了解设计质量相关知识，再结合管理角度进行设计决策。

英国社会监督也推动着设计质量评价工具的开发。由于英国政府传统上承担多数医院建设与运营，所耗费资金从税收中支付，因此决策团队一直非常重视纳税民众的看法。随着社会发展，民众越来越关注公共建筑品质，底层民众的意见由于《患者约章》（Patients' Charter）和《国民健康》（Health of the Nation）的发布比以往更具力量，医疗建筑作为一种公共建筑，其建筑品质的优劣自然受到公众的监督。❷ 随着 NHS 改革的进行，其对医疗设施品质担负的责任更加公开化，建筑设计的失败不仅是设计师的责任，业主 NHS 也必须共同承担。

20 世纪 90 年代以后，医院建设被纳入私人融资计划（Private Finance Initiative, PFI），私营部门（private sector）负责医院项目的融资、建设和非核心服务，NHS 仍负责提供专业性极强的核心医疗服务，❸ 并且需要特别关注这类投资模式中的医疗设施设计质量："如果医疗建筑设计质量由于权力下

❶ NHS Estates, Better by Design: Pursuit of Excellence in Healthcare Buildings[M]. London: HMSO, 1994.

❷ NHS Estates, Better by Design: Pursuit of Excellence in Healthcare Buildings[M]. London: HMSO, 1994.

❸ 陈艳霞，程哲.英国医院政企合作开发模式研究及启示 [J].中国医院建筑与装备，2014, 3: 87-92.

放地方而失控，则不可避免会招致批评与责难。"❶

综上可知，为完善医院建设和运营，需要制定一系列清晰的非专业条文帮助 NHS 决策团队，由此催生了一系列以服务政府和医院业主为主要目标的设计质量评价工具。而英国当代医疗建筑在设计质量评价工具影响下独树一帜。如第 7 章图 7-4 所示医院外观简朴、室内空间丰富；当地多雨，入口为方便公交车停泊和乘客上下设计了超长的、与公共建筑通常设计审美相悖的雨棚，直达医院建筑入口。

3 英国的医疗建筑设计质量评价工具

3.1 启蒙：《设计更卓越的医疗建筑》

最早出现的协助医院建设方完成正确设计决策的设计质量评价工具，是一种指南形式的手册，即《设计更卓越的医疗建筑》(Better by Design: Pursuit of Excellence in Healthcare Buildings)（下文简称指南）。该指南不仅利于实际操作，更重要的是在医疗建筑设计质量评价工具发展中起到了"思想启蒙"作用。

指南纠正了重视经济效益的决策层存有的或多或少的偏见。首先，医院建筑设计质量高不一定代表投资高。好设计也许不便宜，但是也不一定贵很多；一栋吸引人的好的医院建筑，不一定建造费用高。其次，提高设计质量利于医院建设投资效益最大化。优秀的医院建筑设计不仅可满足当前和未来用户需求，还可以减少建造投资或全寿命周期内的运营费用，回报巨大，值得投资。

指南将好的医疗建筑设计质量，从传统的功能效率至上拓展到从业主角度出发需要顾及的社会效益，强调了医疗建

❶ 陈艳霞，程哲. 英国医院政企合作开发模式研究及启示 [J]. 中国医院建筑与装备，2014，3: 91.

筑的公共责任。在强调了设计需要满足"功能良好、运营效率高、康复环境良好、经济利用资源、有使用弹性"等传统要求外，指南还指出，"好设计也应当能够激发当地社区活力，有助于提升政府公众形象，反映 NHS 的愿景与价值观"。作为公共建筑之一，医疗建筑同样肩负着改善社区环境的重任，也需要成为环境景观中的亮点，成为尊重环境并提升环境的"好邻居"，足以使社区居民自豪。

好的设计应赋予医疗建筑"外向型"的性格，易于理解与使用。医疗建筑外观要具有自明性，以便其能够在城市环境中脱颖而出，容易被找到；此外，进入院区后，建筑入口是否明显、不同部门间的连接是否有逻辑、服务用房是否便于被找到和使用，都与医疗建筑"外向型"性格塑造密切相关。清晰明了的空间组织辅以标识系统，不仅可以获得患者的信任，还可以提升其自信心。

在普及建筑设计专业知识方面，首先，指南阐释了建筑审美与空间艺术。公众与患者对医疗建筑的看法或许与设计者有很大不同，虽多为"各花入各眼"的主观感受，但好的建筑还是应该具有向上的力量，富于启发性并能给予患者精神和情绪的慰藉。在预算范围内，医疗建筑也可以在关键区域（如入口、走廊、等候和休息区）采用令人愉悦的建筑空间设计。医疗建筑还应尽力塑造家园感，并通过私人和公共空间的清晰界定，达到充分尊重患者隐私的效果。

其次，对于决策层而言，了解设计需要在项目早期介入。好设计不可能在项目结束时凭空出现、用以装点表面，而是在项目初期即开始精心设计总体布局，避免碎片式发展；并基于用户需求，由内而外开展建筑群体设计。作为内在哲学贯穿于项目始终所有决策中的设计理念，才能保证医疗建筑的整体性和合理性。换句话说，项目需要一个"意在笔先"的设计理念。该设计理念需要作为内在哲学贯穿于项目始终，影响所有设计决策，才能保证医疗建筑最终的整体性和合理性。

最后，设计的高质量与业主的委托工作有很大关系。业主方要鼓励好设计，而非压制创新与开拓，并需要与设计人员、用户等合作，编制出高品质的任务书。一份完善的设计任务书，涵盖各方角度，有助于预防错误及全过程都可能发生的遗漏问题。要想得到好的设计，对的设计团队至关重要。因此，指南介绍了设计竞赛的相关知识，给出实际案例，并指出为保证设计质量还需给建筑师合理的酬劳及合理的设计周期。

为方便非专业人士使用，指南在最后用提问的形式详述了好设计需要审视的若干要点，包括 4 个部分、53 个问题。这 4 个部分分别是"第一印象"（16 个问题）、"用户友好"（15 个问题）、"场地和景观设计"（13 个问题）和"建筑功能效率"（9 个问题）。如第一部分"第一印象"中问题 5："从医院停车场和入口容易找到要去的建筑入口吗？离得近吗？"

除了上述针对非专业人士的内容，指南还对设计师的工作提出了建议。为了使建筑的高品质设计在建筑全寿命周期内都得到维持和保护，设计师在关注建筑设计本身之余，还需要给出室内与建筑的专业维护指南，确保不会因建成后在庭院内加建、平屋顶加建等建设行为导致建筑品质下降。

3.2 行动：《NHS 设计审查组指南》

在《设计更卓越的医疗建筑》完成了医疗建筑设计质量观念上的启蒙，奠定了初步理论工作基础后，《NHS 设计审查组指南》（NHS Design Review Panel Guidance, NHS DRPG）在理性开展设计审查中迈出了行动的第一步。该指南为了帮

助 NHS 设计审查组（NHS Design Review Panel, NHS DRP）
开展设计审查工作而编制。NHS DRP 于 2001 年由英国卫生
部（Department of Health, DH）成立，独立于医疗服务提供体
系之外，该审查组的设立旨在提高医疗设施的品质，以支持
卫生部履行政府职责。

　　NHS DRP 负责在若干建设关键阶段审查 NHS 所有主要
医院方案。设计审查组从项目选址阶段开始介入，参与审查
的项目包括精神卫生设施、社区护理设施及通过 PFI、LIFT
或超过一定金额的公共投资建设的医院。审查组由 4 ～ 6 人
组成，包括一名主席在内，成员从熟悉 NHS 建设程序的专家
库中抽取，不仅有建筑学专家，还有城市设计师、建筑经济师、
建筑工程师、NHS 管理或者项目管理者等其他领域的专业
人士。

　　《NHS 设计审查组指南》也是"优质公共建筑项目"（Better
Public Building）这一跨政府部门举措的一部分。政府强调，
所有公共部门的建设投资都应当视全寿命周期的价值重于短
期发生费用。NHS DRP 倡导的设计不仅要满足建设目标和任
务书要求，建成后还要令 NHS 为之自豪，要从一开始就考虑
到可持续发展，并能积极影响所在地区的环境，为高品质医
疗服务提供良好的物质场所。

　　设计审查工作包括提供独立的审查意见，并确认、推广
好的做法等（表 8-2）。工作方法有方案审查会议、现场踏勘等，
最后形成方案审查报告递交建设主管部门。参与工作会议的
除审查组专家成员外，还有投资方、设计方、施工方、技术
咨询方、地方政府等。审查组成员在同一项目进程中保持不
变并贯穿项目始终，在不同建设阶段开展多次设计审查，确
保审查意见的贯彻实施。

评价项目 DRP Criteria	审查的问题 Issues to be examined by the panel
总体规划 Masterplanning	长期发展设计策略 Strategic long range development plan
城市设计分析	1）融入社区整体：社区更新、出行模式与建筑传承；2）社区可达并参与社区生活：开放／安全
交通与联系	1）绿色交通规划；2）机动车和行人流线；3）停车场地；4）出入口
场地规划设计	1）城市空间；2）景观设计；3）与既有建筑的关系
场地分析	1）地形；2）朝向；3）地块试验；4）限制条件；5）环境影响
场所设计质量 Quality of Place	强调护理环境 Enhancing the caring environment
场地关系／整体形态	1）到达后的第一印象；2）体量；3）形式；4）密度；5）外部空间
与内部空间的联系	1）布局清晰易识；2）联系紧密科室相邻设置；3）易达且易于联系；4）流线设置；5）空间等级； 6）病人、探视者和工作人员的感受
内部空间质量	1）室内设计；2）景观视野；3）自然采光；4）空间；5）（使用）安全；6）私密性和尊重
建筑外观	1）立面处理；2）材料；3）饰面
可持续发展 Sustainability	保护未来环境的措施 Future proofing investment
资源利用效率	能源，水，废弃物，碳足迹，采光和通风，可回收
交通设计	健康交通设计
减少环境和健康污染	选择非污染材料；废弃物处理与回收
立足长远的措施	1）坚固耐用并面向未来变化进行弹性规划设计；2）投资、扩建／建设将全寿命周期纳入考虑

（资料来源：Department of Health. NHS Design Review Panel Guidance. 2007–2009: 8）

3.3 推广：《优秀医疗建筑设计评估手册》

在实际建设中，医疗建设领域缺乏具有医疗建筑项目经验的专业人士，因此和建设决策方一样，也需要理性的评价工具评测与引导设计调整方向。《优秀医疗建筑设计评估手册》（Achieving Excellence Design Evaluation Toolkit, AEDET）满足了这一现实需要，它针对医疗建筑设计常包含复杂的、难以衡量和评价的理念问题而开发，希望通过一系列清晰的非技术性条文来帮助用户评价设计，勾勒出设计或既有建筑设计上的优缺点。

AEDET 将复杂的医院设计理念总结为"影响力""建筑品质"和"功能性"三个关键方面（图 8-1），共含 10 项评价标准，每项都能通过计算得到分数，所有评测条目合在一起，勾勒出一栋优质医疗建筑应有的概貌。在编制结构上，AEDET 由用来打分的"评分部分"（表 8-3 ～ 表 8-5）、提供细节阐释的"指南部分"和提供研究依据与参考文献资料的"证据部分"组成。AEDET 评估医疗建筑设计方案是通过分项打分进行的。分项是为了把复杂的医疗建筑设计问题分解为可

AEDET 评分表示例——影响　　　　　　　　　　　　表 8-3

影响: 特点 & 创新

"影响"的四个部分，是关于建筑创造场所感的程度，以及为使用者的生活和邻里带来多少积极影响的程度。
A 部分，是关于建筑给人的整体感觉。包括建筑是否有清晰的设计理念，设计理念是否合乎建设目标。本条目下得分高的建筑，可能提升士气、并被视为同类建筑中好建筑的典范。

编号	描述	权重	分值	备注
A.01	有清晰的设计理念贯穿于建筑设计中			
A.02	建筑引人注目并吸引人行走其间			
A.03	建筑有着亲切、令人安心的环境氛围			
A.04	建筑恰当地表达了 NHS 的价值观			
A.05	该建筑可能影响未来设计			

（资料来源: NHS Estates , Achieving Excellence Design Evaluation Toolkit[R]. London: MARU, 2008-01: 11）

AEDET 评分表示例——建筑品质　　　　　　　　　　表 8-4

建筑品质: 运行表现

"建筑品质"的三个部分，与建筑的物理构配件相关，而不是建筑空间。因此，考虑更多的是建筑的技术和工程设备系统方面。包括建筑是否合理地建造，是否可靠、容易操作、持久并可持续发展。也包括建造的实际过程，以及施工干扰是否降至最低。
E 部分，是关于建筑在全寿命周期内的技术表现。包括建筑构配件是否具有高品质以及是否适用。不过，这里关注的不是与人们使用相关的建筑功能是否良好，那是另一部分的内容。

编号	描述	权重	分值	备注
E.01	建筑易于操作			
E.02	建筑易于清洁			
E.03	建筑饰面耐久			
E.04	建筑在耐受风雨侵袭和老化			

（资料来源: NHS Estates , Achieving Excellence Design Evaluation Toolkit[R]. London: MARU, 2008-01: 12）

AEDET 评分表示例——功能性			表 8-5

功能性：使用

"功能性"的三个部分，与建筑的主要目的或功能相关。包括建筑是否良好服务于建设目的，对于工作在这栋建筑内外的人们而言，建筑在多大程度上有利于或有碍于它们的活动开展。

H 部分，是关于建筑用何种方式协助用户完成工作、运转建筑中的医疗系统和设施。想得到高分，建筑物必须功能良好且高效，有容纳人们活动、便捷联系的足够空间，并且采用易于实现政府的医疗服务政策和目标的方式。高分建筑在使用上也具有灵活性。

编号	描述	权重	分值	备注
H.01	满足了任务书的主要功能需求			
H.02	设计助益于医院的医疗服务模式			
H.03	建筑整体上能完成预测的就医量			
H.04	工作流线和物流最佳设置			
H.05	建筑具有足够弹性应对变化并允许扩建			
H.06	空间尽量标准化设计，使用模式尽量灵活			
H.07	平面设计利于（治安）安全和监督			

（资料来源：NHS Estates , Achieving Excellence Design Evaluation Toolkit[R]. London: MARU, 2008-01: 14）

操作、有限的问题集合，这样更易于思考，比简单、直接地给整体打分要容易。

考虑到设计的特性，AEDET 特别指出：虽然借助分数形式评价设计，但不意味着仅仅凭借总得分就可以完全评价一项医疗建筑设计，这是因为设计的自然属性不可避免地包含着权衡。所有方面得分都最高的建筑是不可能存在的，常见的是在某一条目上得了高分的设计，则会不可避免地在其他条目上得到低分。

此外，AEDET 可用来作为引导设计朝向优秀指征发展的工具，但不保证得高分的建筑设计同时能满足其他法规和设计规范要求。AEDET 省略了医疗建筑的可持续发展和低能耗部分的内容，这是因为当时另有更合适的工具——NEAT❶ 评价设计中的环境与能耗问题，二者也需要联合使用。

医疗建筑设计质量评价工具发展至 AEDET，其设定的使用对象已经不仅包括医疗建筑的委托方（业主、开发商）和使用方（设施经理等），还包括产品方，如设计团队、施工团

❶ 英国针对能耗和环境问题于 2002 年发布评估工具 NEAT（NHS Environmental Assessment Tool），该工具 2008 年 7 月被《绿色医疗建筑评估手册》（BREEAM Health care）取代。NEAT 评估新建医院时结束于设计阶段，而 BREEAM Healthcare 的设计阶段评估只是项目中期评估，建设完成后需结合中期表现进行最终评估，从而实现了设计到施工的全过程控制。

队和项目经理等。AEDET 适用并贯穿于医疗建筑设计的多个阶段，从方案开始就介入，一直到建成使用后的后评估阶段之前。它可以帮助医院建设主管机构及多种医院建设模式（如 ProCure21、PFI、LIFT）❶ 的公私部门建立，并管理设计要求。形成设计要求，并监管这些设计要求的实施。

3.4　细化:《医疗建筑环境评估手册》

除了绿色、低能耗部分需要借助其他评估工具外，医疗建筑的环境设计部分也独立出来，形成了专门的设计评价工具，AEDET 也需要与之联合使用，即 AEDET 的职工和患者的环境设计评价部分，需要借助于更为详尽、精准的工具包——《医疗建筑环境评估手册》（A Staff and Patient Environment Calibration Tool, ASPECT）。

ASPECT 与 AEDET 一样，都是既适用于已建医院，也适用于方案设计阶段的设计质量评价工具。二者的编制目的和结构都极为相似，和 AEDET 一样，ASPECT 也不能确保得高分者同时满足其他设计规范要求。ASPECT 既可单独使用，也可作为 AEDET 的补充，为设计提供更综合的评价。如前文所述，长期以来，英国的公费医疗使"患者应感恩"观念在政府内部盛行，这导致英国医疗机构更关注设施功能效率而非用户体验，因此英国"现有强调以患者为中心的护理政策在医疗建筑设计中没有特别明显的表现"。❷ 由此，需要把医疗建筑设计中的康复环境设计细化，单独成册以强调其重要性。

因为内容只针对医疗环境，ASPECT 只分含 8 个条目，分别是隐私、交往和尊重，景观视野，接触自然和户外活动，舒适和环境控制，场所的可辨识度（表 8-6），室内环境，服务设施，以及职工工作环境。其中权重高的得分项有："为患

❶ ProCure21、PFI、LIFT 等医院建设投资模式的详细内容，可以参考：陈艳霞，程哲. 英国医院政企合作开发模式研究及启示 [J]. 中国医院建筑与装备，2014，3: 87-92.

❷ Susan Francis, Rosemary Glanville. Building a 2020 vision: Future health care environments [M]. London: the Stationery Office, 2001.

ASPECT 评分表示例				表 8-6
C5: 场所的可辨识度				
第 5 部分，对于使用该建筑的职工、病人和探视者而言，医疗建筑易于了解的程度。城市、区域、建筑、各功能部门和房间应该有明确的识别性和差异性，有等级结构。人们普遍喜欢那种非均质、非同类别，但丰富且尺度有变化的场所。通常，平面应当清晰易懂，由此容易识别路径，少依赖标识和图示。				
编号	描述	权重	分值	备注
5.07	当你抵达一栋建筑时，它的入口很明显			
5.08	建筑的布局方式易懂			
5.09	建筑里的空间体系有逻辑层级			
5.010	当你离开建筑时，出去的通道很明显			
5.011	该去哪里找医院员工很明显			
5.012	建筑不同部分有不同特点			

（资料来源：NHS Estates，NHS Estates，A Staff and Patient Environment Calibration Tool: 11）

者提供一处交往场所”、"职工和患者长期待的地方有窗户"、"室外景观宁静有趣并能看到绿植等自然景物"、"患者能够方便外出活动"、"患者和职工能控制人工照明"、"设计避免了噪声"、"室内环境家居化设计"、"顶棚趣味性设计"、"便于患者亲属或朋友陪夜"等。

ASPECT 设计评估应在设计过程中尽早采用，之后的深化设计中也要重复使用，直至使用后评估前。由此，ASPECT 不仅可以在设计前期阶段充实设计任务书编制，也可以评测设计对任务书的贯彻程度。虽然提倡设计方案在评估中尽量追求高分，但 ASPECT 也同时规定出最低分，低于该分值则需要改进设计，直至分数提高到理想水平。

4　英国医疗建筑设计质量评价的特点

4.1　"自上而下"推广机制与制度性保障

英国医疗建筑设计质量评价在重视民众声音与监督的社会环境中，由英国政府主导，"自上而下"地进行推广。为确

保医疗设施设计的品质要求传达至各级、所有决策者，在英国医疗建设体系中，还为优秀医院建筑设计方案的遴选和实施提供了制度性保障。例如，采用 PFI 融资模式的医院建设项目中，就要求投资方借助评估工具择优选择方案，并保留设计选择记录以备审计时使用。❶

4.2　不同评价工具间语境相同并互相支持

医疗建筑设计质量评价工具在开发时就考虑了同其他建筑设计评价工具语境相同、互相支持的可能性，即"确保我们的工作是在通用产业框架中开展的"。❷ 如 AEDET 和 ASPECT，在开发过程中与英国建筑与建筑环境委员会（Commission for Architecture and the Built Environment，CABE）和设菲尔德大学等机构紧密协作，以达到不同类型建筑、不同评价目标的工具间可互相提供支持。

4.3　系统的理论研究与庞大的数据库支撑

英国的医疗建筑设计质量评价工具开发有着系统性研究和庞大的研究数据库基础（图 8-3）。赫伯特·西蒙（Herbert Simon）称设计问题为"淘气"的问题，单个设计问题的解决会引发新的问题，因此有必要将单个设计问题放在体系中研究解决❸，而英国已成体系的诸多理论专题研究为设计质量评价工具的开发提供了体系化基础。此外，英国诸多医疗建筑研究数据库，对设计评价工具的构建非常有帮助。如 AEDET 和 ASPECT 可以借助于 NHS ADB（Activity Database），将整体建筑划分成较小规模的建筑单位开展评估；再如，ASPECT 基于一个有 600 项研究的数据库开发而成，这些研究针对不同医疗环境下医务人员和患者的满意度进行了调研。

❶　NHS Estates. A Staff and Patient Environment Calibration Tool [R]. London: MARU, 2008: 6.

❷　NHS Estates. Achieving Excellence Design Evaluation Toolkit [R]. London: MARU, 2008: 2.

❸　Bayazit N. Investigating Design: A Review of Forty Years of Design Research [J]. Design Issues. 2004, 20（1）: 17.

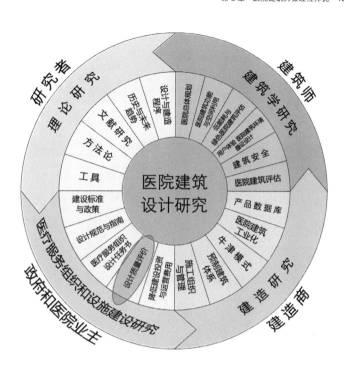

图 8-3 设计质量评价在英国医院建筑设计研究中的位置

5 我国亟需本土的设计质量评价工具

英国的经验表明：首先，医疗建筑设计质量评价工具是有现实意义且可理性实施的，并为医疗建设整体品质的提升提供了有力保障；其次，作为优秀设计的引导与指南性工具，医疗建筑设计质量评价应该有大量高品质的系统性理论研究和庞大的数据库提供支持；最后，为保证医疗建筑设计质量评价工具的有效实施，需要政府"自上而下"将其纳入建设体系来贯彻推动。

从英国医疗建筑设计质量评价工具的详细内容来看，好的医疗建筑设计兼顾了简明易用、环境舒适宜人、总体规划具有机变性❶ 或灵活性、全寿命周期耐用经济且易于维护等方面，这样的医疗建筑不仅为优质医疗服务提供良好的物质空间，还是社区公共生活的组成部分。

❶ 长期来看，医院整体存在不同程度的扩张，而不同功能部门则或扩张或萎缩，这种现象在地区综合医院中表现明显。在考恩等学者的医院生长变化原创性研究启发下，以医疗服务街连接各功能部门的规划构想开始萌芽，约翰·维克斯用"机变建筑"为之命名。他认为理性、连贯完整的医院形式更多的是建筑学逻辑而非医院真实需求，因此主张从医院规划设计开始就要把医院"生长"和"变化"的不可避免特性考虑在内。

　　这里面既有医疗工艺、康复环境的循证设计等专业内容，也有城市设计、建筑学、景观园林、环境设计专业的内容，不只局限于医疗服务的相关内容。但正如柴裴义先生所说：评判医院建筑设计时，"光评建筑的创作形式不够专业" ❶。

　　虽然我们可以借鉴英国设计质量评价工具的这些详细内容，并将其用于国内实践，但中国的发展阶段、人口结构和医学社会环境、医院建设模式等与英国有很大差别，亟需开发针对本土需求的医疗建筑设计质量评价工具。与英国不同，中国医院建设目前仍处于以"服务效率"为重的阶段，陌生空间的复杂流程中，民众最在意的是医院建筑问题，其次才是建筑环境和交通问题。

　　在作者四年前开展的调研中（2012 年 6 月 ~ 2012 年 9 月），"就医流程复杂"排在最在意的医院建筑问题首位，并有 50%的受访者认为医院建筑亟待改善之处就是"就医流程"。这一状况至今仍未改变，文中前述小调研（2016 年 5 月）最后一题"参照以下词语，请选择三个词（也可以不用下面的词）描述您心目中好的医院设计"的回复中，"功能高效"仍是大多数人的选择（图 7-1）。一名建筑学教授甚至回复"方便、方便、方便"，并补充，"患者去看病，只在乎是否方便，其他都顾不上了"。

　　第 7 章对好的医院建筑设计的描述，在一定程度上能代表中国当代部分民众的直观想法。总之，尚需要同仁共同努力，投身到开发本土医疗建筑设计质量评价工具的研究中，推动医疗建设的高品质发展。

❶　原文为《什么是中国好建筑？——柴裴义大师解析 2013 年全国建筑设计行业获奖作品》，刊载于《a+a 建筑知识》杂志 2015 年第 4 期。

第 9 章

医疗建筑师养成之道：
医疗建筑教育

1　当代医疗建筑教育

1.1　医疗建设推动教育发展

　　当代医疗建筑教育是在第二次世界大战后医疗建设推动下发展的。二战后，各国陆续开始城市重建工作，医疗设施作为与住宅、教育设施并重的三大社会福利设施之一，也开始了大规模建设。面对新的医学社会需求，医疗建设遇到了许多新问题，为了像其他工业那样快速发展，建设者们认为这些问题同样需要通过严谨科学地开展研究加以解决，并需要大量专业人才在设计实践中传播、推广和应用这些研究成果。由此，建设需求就这样一步步推动了医疗建筑研究与教育的发展。

　　20 世纪 60 年代，世界各国不约而同地开始发展医疗建筑研究与教育。例如，1960 年，美国克莱姆森大学（Clemson University）建筑系下设专业培养医疗建筑设计的 Architecture+Health 方向；1963 年，英国国立医疗建筑研究所（MARU）在高校成立；1966 年，美国得克萨斯农工大学的乔治·曼（George Mann）教授在建筑学院创立了医疗设计学科等。

1.2　既通且专的医疗建筑教育

　　医疗建筑教育主要集中在研究生培养阶段。世界范围内，成为职业建筑师一般要经过 5 年本科培养。而培养建筑师的建筑学本科教育是以"通才"而非"专才"为教育目的，它更多强调宽知识面、理论与实践能力的综合培养，并不专注于某一类型建筑的设计训练，因此，医疗建筑教育主要集中在研究生阶段。如美国克莱姆森大学（Clemson

University）在硕士研究生阶段设置了专门培养医疗建筑设计的 "Architecture+Health" 方向，授予医疗建筑学硕士学位；英国国立医疗建筑研究所于 1972 年设立的正式医疗建筑教育课程，可授予硕士和博士学位等。

国际上，有的国家如澳大利亚，对建筑师的培养是建筑学本科毕业后，学生先工作一段时间，利用这段时间寻找自己的发展方向，然后再决定干什么：是继续工作，还是选择自己感兴趣的方向或专业攻读硕士学位进行职业学习。研究生的"专才"教育，通过开展设计研究和理论学习培养学生的全局观和建筑观，鼓励有建筑设计实践经验、有技能者来读。英国 MARU 的招生简章特别注明了在相关领域具有工作经验者或从业者优先考虑录取。因为这类从业者已经确定了学习目标，学习更有主动性，也更容易理解所学与现实问题之间的关系，在课堂交流中也能提供更多有现实意义的话题等。

1.3 医疗建筑教育两种形式

国际上，医疗建筑设计研究领域的教育平台主要有两种形式，一是个体式的；二是中心式的。个体式的，即对医疗建筑设计研究感兴趣的教授，以个人研究项目和成果为基础在高校开设课程或指导研究生开展医疗建筑设计研究；中心式的，即依托高校设立医疗建筑（或称卫生工程或健康系统）研究中心，由若干在相关领域取得成就的教授为核心组成了多方向的研究团队，并基于多类研究成果开设体系化课程，可为本科生提供医疗建筑设计研究教育，并主要（或大规模）培养多个研究方向的研究生。

个体式教育平台受众少且不稳定。一旦教授退休后继无人，该校的医疗建筑教育就此中断，如曾经为我国医疗建筑领域培养了诸多优秀专业人才的鲁汶大学——黄锡璆大师、格伦教授和张春阳教授等曾在此研修，他们的导师扬·德路（Jan Delrue）教授退休后就面临着后继无人的状况；再如英国谢菲尔德大学任教的、与英国国家医疗服务体系（National Health Service, NHS）合作多项医疗建筑环境设计研究的布莱恩·劳森教授（Bryan Lawson）❶退休后也后继无人。

　　中心式教育平台受众多且稳定。一个教授退休或离开，还有其他教授在，后续还有不断成长起来的新人填补空缺。在中心式教育平台里，各种研究人才得以集聚，各类研究材料得以共享，各类研究方法得以传承，各专业思想得以互相启发。如美国得克萨斯农工大学（Texas A&M University）的健康系统设计研究中心（Center for Systems & Design，CHSD）和英国伦敦南岸大学的英国国立医疗建筑设计研究所（Medical Architecture Research Unit, MARU）等，就是这样的中心式教育平台。

　　作为 CHSD 联合创始人之一的乌尔里奇教授已退休并离开美国定居瑞典，CHSD 目前的核心师资有乔治·曼教授，医疗建筑循证设计概念的提出人柯克·汉密尔顿（D. Kirk Hamilton）教授，雷·宾特哥斯特（A. Ray Pentecost）教授，乌尔里奇教授的衣钵传人朱雪梅老师、吕志鹏老师等，教研团队依然强劲。这正体现了中心式教育平台的优势，即不会因一个核心成员的离去而中断或后继乏力。

　　我从 MARU 访学后归国不久，MARU 的时任所长、英国医疗建筑领域承前启后的学者露丝玛丽·格兰维尔（Rosemary Glanville）女士退休了，不过至今为止，MARU 各项教学工作依然可以在继任者伊丽莎白·维兰（Elizabeth Whelan）女士的带领下，在既有框架下、依托既有研究资源和广布英国 NHS 各机构和世界各地医疗建设领域 MARU 校友的支持下而得以

❶ 劳森教授与 NHS 合作的医疗建筑研究有《医疗建筑环境对病人康复的影响》（The Architectural Healthcare Environment and its Effects on Patient Health Outcomes）、《优秀医疗建筑设计评估手册》（Achieving Excellence Design Evaluation Toolkit, AEDET）（NHS Estates, 2008）和《医疗建筑环境评估手册》（A Staff and Patient Environment Calibration Tool）（NHS Estates）等医疗环境评价工具。

运行，同样显示出中心式教育平台的优势。

1.4 习得医疗建筑途径多样

专长于设计医疗建筑的建筑师，习得医疗建筑设计的途径多样。有的具有医疗建筑教育背景。如主持设计北京小汤山非典医院的黄锡璆大师，在设计院工作多年后赴比利时鲁汶大学攻读医院建筑规划设计的博士学位，学成归国后专注从事医疗建筑设计。主持设计香港大学深圳医院孟建民院士毕业于东南大学，他的本科毕业设计就是一个"真题假作"的医院建筑设计课题。有的建筑师来自医学世家，从小在医院或附近长大，对医院里的生活耳熟能详，与医生护士沟通起来毫无障碍。大多数专长于医疗建筑设计的建筑师是在实践中成长起来。

这是因为，一方面，培养建筑师的建筑学本科教育是以"通才"而非"专才"为教育目的，它更多强调宽知识面、理论与实践能力的综合培养，并不专注于某一类型建筑的设计训练；另一方面，开设医疗建筑设计课题需要擅长医疗建筑设计与研究的学者担任教师，而这类人才并不普遍。诚如孟建民院士所言，作为功能要求最复杂的公共建筑类型之一，医院是训练建筑师理性思维和处理问题能力的最好题材，本科阶段接触医院建筑设计给他带来了重要影响。只是并非所有的建筑学院校都能开这类设计课程。

1.5 设计实践中成长最高效

在实践中成长，"干中学"（Learning by doing）是一种很高效的学习方式。即便在求学阶段有幸做过医疗建筑设计课题，也需要在实践中成长，这跟建筑学科的教育与实践密不可分的特性有关。高校课堂教授的不是实际工作所需的直接知识，更多是理论、思维方式和做事方法，为培养学生的综合设计能力，建筑学专业的课程体系中有各类设计课实习和设计院实习等课程；建筑师成长过程中，通过职业实践积累体会和心得，与在学校接受建筑教育一样必不可少。如孟建民院士在一次访谈中说，"我们刚开始做医疗建筑的时候，请了专门的医药专家来给我们上课、指导，我们也在琢磨，跟着学习，在实践中成长起来。"

从上文也可以看出，实践者确立了自己未来发展方向后，重返高校接受研究生专才教育对自己的职业生涯更有帮助。碰到优秀的医疗建筑师，我常私下请教对方是怎么学会医院建筑设计的。回答大多是在做医院建筑设计项目时慢慢学会的，再加上各种会议的交流学习、国内外医院的参观考察等，还会加一句：感觉走了不少弯路。而基于研究的、有组织的、经过教学设计的医疗建筑教育，可以帮助实践者习得更高效的方法、更多样的工具、更新的理论观念等，有指导性、组织性地开展实践，少走弯路。

值得一提的是，英国许多知名的医疗建筑学者，包括 Rosemary Glanville 在内，都是建筑师出身，对医疗建筑设计充满热忱，有长期的、丰富的实践经验。美国知名医疗建筑学者、循证设计概念定义人 Kirk Hamilton，不仅从事医疗建筑设计实践多年，还创设了自己的建筑师事务所。

2　英国的医疗建筑教育：以 MARU 为例

2.1　MARU 一家独大

英国的医疗建筑教育，首屈一指的当属设立于伦敦南岸大学（London South Bank University）的英国国立医疗建筑研

究所（Medical Architectural Research Unit，下文简称 MARU）
（图 9-1）。MARU 是当今世界先进的医疗建筑研究机构之一，
也是欧洲医疗设施研究机构的代表，它与英国医院建设相依
存、共发展，积累了很多医疗建筑设计研究的过程资料、研
究报告和理论成果。

　　除 MARU 外，英国还有若干在医疗建筑研究领域颇有
建树、并培养研究生的学者散布于多个高校，只不过没有形
成类似 MARU 这样的中心式教育平台。医疗建筑仅仅是这些
建筑学者工作对象之一，他们并不针对医疗建筑进行毕生的、
持续性的专门研究。实际上，英国医疗学术著作中常常指出，
要想设计好医疗建筑，首先得是一名好的建筑师，不必然专
门从事医疗建筑设计；医疗建筑也需要从其他类型建筑的设计
中汲取很多有益的思想与方法。

　　如谢菲尔德大学教授布莱恩·劳森（Bryan Lawson），他
与英国国民卫生保健机构（National Health Service，NHS）合
作开展了多个医疗建筑研究项目；但对劳森而言，医疗建筑只
是其感兴趣的诸多关注对象之一，他还专长于建筑设计方法
论和环境设计对人们生活品质的影响等研究领域，使他饮誉
世界的是《空间的语言》（Language of Space）等众多著作，影
响和启迪了全世界的建筑学子。除了偶尔结合研究项目或因
材施教指导学生开展医疗建筑设计或研究工作外，这些教授
并没有在高校建立体系化的医疗建筑教育。

　　因此，以下围绕英国医疗建筑教育的代表机构、英国国
立医疗建筑研究所（MARU）展开介绍。

2.2　与建设相依存

　　MARU 诞生于英国大规模医疗设施建设之初。英国政府

将医疗设施视为与居住设施、教育设施并重的三大基础福利性设施，1948 年英国国民卫生保健机构（National Health Service, NHS）成立后英国实行全民医疗体制，由中央政府负担医院运营和建设，第二次世界大战后百废待兴，继居住和教育设施启动大规模建设后，由 NHS 主导开始兴建现代医疗设施。随着建设进行，需要研究的问题越积越多，出于医疗建筑设计研究应该在学术环境中开展的考虑，英国于 1963 年在高校成立了 MARU 这样一家学术研究机构，最后辗转设立于伦敦南岸大学（LSBU）。

　　英国政府此举甚是高明。中心式的研究基地可以把稀缺的研究力量和有限资源有效地集中在一起，不仅利于积存与共享研究资料，也利于开展长期研究和基于研究成果培养专业人才。作为英国医疗建筑研究首要基地的 MARU，就这样积聚了全英的医疗建筑研究资源和学术力量。这是依托个人或依托临时组织开展的研究项目难以企及的优势，再加上英语在科研领域的通用性，英国与其他语种国家或未设专业研究机构的国家相比，医院建筑设计的研究历史更长久、研究成果更为丰富、体系化，对建设实践的影响也更为深远。

　　受英国盛行的经验主义哲学影响，英国医院建设实践是以设计研究为先导的发展模式。经验主义认为，人的理性必然有所缺陷，只有经历长时间实践检验与修正才能趋向真理，经验主义者认为知识应通过归纳法获得，所谓归纳法，就是依据经验（实验）尽可能地收集大量样本，进而推导出一般性结论的方法；通过归纳法得来的知识不是武断性的，而是由经验和实验支撑的。医疗建筑学者路维林·戴维（Llewelyn Davie）的名言"深入认知才能精湛设计"❶ 可为此注脚。

　　因此，英国医院建设的主要步骤如下：1）英国政府投资

❶　原 文 为 "Deeper knowledge, better design"，Susan Francis, Rosemary Glanville, Ann Noble, Peter Scher. 50 years of ideas in health care buildings [M]. London: The Nuffield Trust, 1999.

建设医院前，先开展研究以确定合适的医院建设模式；2）再
基于研究建设实验性医院项目；3）项目建成投入使用后开展
持续评估研究进行总结；4）确定值得推广的医院模式，编制
设计指南或开发体系化医院模式进行建设推广。这些医院建
设研究大部分都由 MARU 承担，MARU 的研究与教育就与
英国医疗建筑发展紧密结合连在了一起。

2.3　本土需求为主

MARU 在研究成果积累基础上，于 1972 年设立了正式的
医疗建筑教育课程，可授予硕士和博士学位，自此，MARU
成为了集理论研究、教学与实践于一体的专业机构。在此之
前，曾开展过一项影响了英国医疗建设 30 年的研究《医院功
能与设计研究》(NT, 1955)❶ 的南菲尔德(Nuffield)研究小组，
也曾举办过针对性的医院规划与设计短期培训班，向即将参
与医院建设的 NHS 资深建筑师传播专业设计知识。与南菲尔
德研究小组的松散教学组织形式相比，设立于高校、有固定
研究实体的 MARU，更便于设置体系化的课程并融入英国既
有教育体系中去。

MARU 的核心理念中，研究、教学和未来发展是医疗建
设过程中密不可分、互相影响的三个重要方面。它的目标是
培养高品质现代医疗服务设施建设的专业人士。他们拥有的
技能，包括熟知医疗建设实例的全生命周期投资过程，了解
施工采购流程，熟知设计前期工作，掌握必要的任务书生成
工具和技术，熟知应对未来变化的设计策略，了解总体发展
规划的内涵，了解医疗设施的感染控制措施和可持续环境性
能，拥有应对变化的管理技能与领导力，具备以用户为中心
的循证设计知识基础等。

❶ Nuffield Provincial Hospitals Trust.
Studies in the functions and design
of hospitals [M]. London: Oxford
University Press, 1955.

由于 MARU 的设立初衷是为了解决英国医疗建设问题，它的医疗建筑教育也主要面向英国本土或与英国医疗体制和建设体制相似的发达国家。MARU 招生简章这样写道：面向英国、欧洲和国际上的多专业人群招生，包括有医疗、管理、设施、建造、建筑和设计等专业背景的健康环境规划设计实践者（来自公立或私营机构皆可）或有志于从事该行业者。实际上，前来求学者也以英国本地或欧洲医疗建设领域的在职者人士居多。

　　不过，MARU 的成就及世界范围内医疗建筑教育平台的稀缺性，使它吸引着世界各地医院建设领域的人士前来学习，了解英国的医疗建筑设计与研究方法，获取国际视野。如作者当年出于博士论文《医学社会学视野下的中国医院建筑研究》的研究需要，于 2010 ~ 2011 年攻读博士学位期间，就曾前往 MARU 访问学习过半年。

　　在 MARU 学习，与在其他发达国家留学类似，即课内学习只是留学价值的一个组成部分，另外有价值的部分，是同学之间的交流与相互学习。MARU 学生以在职者居多，他们不仅来自不同国家，也来自医疗建设相关的各行业，带来了各种不同视角。因此课堂交流和协同完成团队课程作业的过程中听取同学们新鲜的见解，是很值得学习的内容之一，还可以了解到多国、多地区医疗设施的发展状况。如今，MARU 校友已遍及世界各地，他们不仅将 MARU 的成就传递到了世界各国，也形成了支持 MARU 发展的广大国际校友群体。

2.4　课程面向实践

　　MARU 医疗建筑研究生课程的正式名称是"健康建筑规划设计硕士研究生课程"（MSc❶ Planning Buildings for

❶ MSc（Master of Science）即理学硕士。一些 MSc 要求申请者有工作经验，因为有工作经验的话会更有想法，在论文研究课题选择时才会更有自主性。

Health），所颁发的硕士学位经过 RICS❶ 认证。该课程体系共有 8 种课程单元，跨越了多学科，但各单元之间内容独立，详见表 9-1。全日制硕士研究生要在一年内修完所有课程单元，并完成硕士论文写作，时长共计 13 个月；而在职硕士研究生则有两年时间来修完所有课程单元，每年学习 3 个单元；在第三年完成硕士学位论文工作即可。

❶ RICS 是 Royal Institution of Chartered Surveyors 的缩写，即英国皇家特许测量师学会。该协会是获得全球广泛认可的专业性学会，其专业领域涵盖了土地、物业、建造及环境等 17 个不同的行业，已经有 140 余年的历史，目前有 14 万多会员分布在全球 146 个国家；得到了全球 50 多个地方性协会及联合团体的大力支持。我国的清华大学和同济大学等少数几所学校的某些领域专业课程获得了 RICS 认证。

MARU 核心课程单元列表 表 9-1

课程单元名称	内容简介
★医疗服务业务流程 Planning Process in Healthcare Business	该单元重点介绍英国国民医疗服务体系（NHS）以及私营医疗机构目前的规划系统运营原则和具体的业务流程。
★医疗设施发展规划 Strategic Planning of the Healthcare Estate	该单元重点介绍医疗卫生政策、医疗服务模式和医疗设施之间的互动关联。在创新框架中，结合变革驱动因素，对医疗服务新模式、护理文化和医疗设施进行统一审视。在医疗服务和医疗设施建设发展战略的经济框架内，探讨总体规划的作用和任务。课程作业是医疗设施发展规划，来自真实地块的实际课题，并由真正的业主参与点评。课题年年不同，包括社区心理健康设施和社区医院设施等。需要同学纳入考虑住宅、教育和环境可持续发展等跨领域议题
★施工采购与管理 Procurement and Management of Construction	本单元旨在培养对采购和管理施工相关问题的认知，并培养面临多种解决方案时的甄别能力
★项目前期策划与评估 Project Briefing and Evaluation	前期策划环节重点关注前期策划的技术要点和流程，并对前期策划的关键点进行训练，如信息的掌控能力；如何将医学需求转译为设计要求；了解组织发展策略；如何制定用户需求细目；了解工作流程组织；了解功能适用性；了解空间利用和病人体验等。基于病人期望使服务病人路径现代化发展驱动因素的观念，本单元关注消费领域最新动向。重新审视不同护理群体和文化的需求，包括通过建筑设计和艺术装饰品等塑造促进康复进行的医院物理环境等。而整个前期策划过程是在使用后评估的需求脉络中开展的
★项目领导力 Project Leadership	本单元介绍不同的组织文化和组织流程，以了解决策如何生成，并在组织内部和跨组织之间探讨团队工作和合作。通过观看演讲录影的方式引领学生认知个人风格和领导风格，以培养引领高效率项目团队前行并拥抱变革所需技巧。该单元的课程作业是要求学生原创的"应对变革的案例"，邀请建设行业资深经理听取作业汇报，并给出演讲技巧、讲演风格等方面的建议
研究方法 Research Methods	本单元提升学生的硕士学习研究技能，帮助硕士论文已开题、并完成文献综述的学生构建研究框架并介绍多种研究方法；该单元帮助学生深化论文大纲，协助将学生的关注点聚焦于行业和政府当前亟需的研究热点上
★医疗设施比较研究 Comparative Health Estates Studies	本单元将在欧洲范围内选择国家进行为期一周的医疗设施实地考察，以将不同环境文化中的医疗设施与英国的医疗服务体系和设施进行比较。MARU 在欧洲各地的合作伙伴将提供新型设施的参观路线建议，并导览、陪同考察小组走完全部行程
学位论文研究 Dissertation Study	论文研究是通过让学生在一定深度上开展感兴趣的自选课题研究，训练学生独立完成一项高标准研究项目的能力，促进学生思辨能力和研究技能的提升；学生可以选择与自身工作密切相关的课题

注：1. 完成 6 个星标核心课程单元，可获得硕士研究生学历证书（PG Diploma）；
  2. 完成论文研究并通过答辩后，可获得硕士学位证书（MSc）。

表 9-1 中标上星标的 6 个单元为核心课程单元，这些单元每个时长一周（5 天），围绕一个医疗建设或研究主题展开。这 6 个单元每个都有课前预习和课后作业，也都根据教学主题设置若干医疗设施现场调研作业；为此，单元之间至少间隔两周，方便同学完成上个单元布置的作业并预习下个单元。除了课程囊括了医疗建设实践涉及的多环节内容外，MARU 所用教材、授课教师也都贴近实践。作者在 MARU 访学时，MARU 会针对性地邀请活跃在建设实践一线的资深人士讲授若干节课程，保证课程内容贴近当前实践；此外，MARU 所长罗斯玛丽·格兰维尔（Rosemary Glanville）本人，就是长期从事医疗建筑设计的职业建筑师出身，有丰富的实践经验。MARU 资料室里多部医疗建筑设计研究专著的作者，如约翰·维克斯（John Weeks）、苏珊·弗兰西斯（Susan Francis）、安·诺贝尔（Ann Noble）和彼得·舍尔（Peter Scher）等，都是对医疗建筑设计充满热忱、有长期的、丰富实践经验的建筑师。

2.5　遗产与停滞期

　　在 MARU 学习，另外一个最有价值的学习内容是去 MARU 图书室尽享它独家收藏的、有 50 年历史的英国医疗建筑规划设计研究资料。英国医疗建筑大部分研究报告出自 MARU 团队，而这些医疗建筑研究是以全球发达国家的医疗建筑资料为研究基础，从医疗建筑研修的角度，可谓"得 MARU 者得天下"。这些资料，学生在学期间都可以借阅。

　　MARU 图书室资料之珍贵，还在于这些资料是全球少有的、贴近实践的、系统化的医院建筑研究成果。英国 NHS 为英国建筑师提供了全球难得的、在医疗建筑设计实践中开展理论探索的机会，纵观全球，少有像英国这样的国家，可以倾国家之财力开展数十年的医疗建设研究、依据研究开展医院实验项目建设并进行使用后评估研究，之后，这些研究成果还可以在数百个医院建设项目中推广。就连善于客观评价自我成就的英国人自己都不客气地说，唯一能在医疗建筑理论研究方面与英国抗衡的，是美国。❶

英国人引以自傲的医疗建筑研究成就，是基于研究制定的一系列医疗设施设计指南，这让英国在该领域跻身于国际前列。这项工作的贡献在于：1）它探索了用系统化方法收集分析数据的多种方法，并把医疗工作实际情况纳入考虑，基于这些数据制定了用于医疗建筑规划和设计的权威指南。2）通过广泛讨论和出版，它提供了发展和阐明共同愿景的机会。3）它启动了一个发展计划，通过示范项目在实践中检验新思想。4）它坚持规划和设计信息应适用于特定地点的特定项目的原则，从而形成高标准但不标准化的个别方案。❷

综上，基于英国医疗建筑研究的 MARU 医疗建筑教育由此显得非常珍贵。

不过，正如前文所述，英国的医疗建筑设计研究与英国的医疗设施建设发展紧密相连，近年来，随着英国医疗设施大规模建设的减少和研究方法的停滞，MARU 的研究与教育也进入了发展停滞期。21 世纪以来，MARU 少有新的、具有广泛实践影响力的大型研究开展，最新的研究停止在 2011 年，MARU 的研究遗产大多数是上个世纪的（表 9-2）。随着深度参与英国大规模医疗建设与研究的建筑师与研究者前辈逐渐老去、退休，依靠中心式平台的发展优势，MARU 的教育体系仍在，而"师资"雄风不再。

❶ Susan Francis, Rosemary Glanville, Ann Noble, Peter Scher. 50 years of ideas in health care buildings [M]. London: The Nuffield Trust, 1999.

❷ Susan Francis, Rosemary Glanville, Ann Noble, Peter Scher. 50 years of ideas in health care buildings [m]. London: The Nuffield Trust, 1999.

MARU 历年研究列表　　　　　　　　　　　　　　　　表 9-2

研究类别	研究名称
领先用户创新 Lead User Innovation	·领先用户创新：推动还是拉动？以英国 NHS 为例（Lead User Innovation: Push or Pull? A Case of the UK NHS）（2011）
综合医院： 整体研究 Acute Hospitals: Whole Hospitals Study	·霍默顿医院评估（Evaluation of Homerton Hospital）（1992） ·科尔切斯特医院的评估（Evaluation of Colchester Hospital）（1987） ·核心医院：比较评估（Nucleus Hospitals: a comparative evaluation）（DoH Nucleus Study No 24）（1987） ·纽汉核心综合医院评估：总结报告（Evaluation of Newham Nucleus General Hospital: Summary Report）（1986） ·切斯特女伯爵综合核心医院评估：总结报告（Evaluation of the Countess of Chester Nucleus General Hospital: Summary Report）（1985） ·老医院空间利用：法恩堡医院研究（The use of space in old hospitals: Farnborough Hospital study）（1982） ·医院空间利用：弗里姆利公园医院研究（Space utilisation in hospitals: Frimley Park Hospital study）（1978） ·医院空间利用：李斯特医院研究（Space utilisation in hospitals: Lister Hospital study）（1978）
综合医院： 病房 Acute Hospitals: Wards	·病房评估研究：牛津急症病房（Ward evaluation study: Oxford adult acute ward）（1989） ·老年病房评估：米尔福德医院（An evaluation of wards for the elderly: Milford Hospital）（1989） ·强化治疗和冠状动脉护理病房：案例分析研究（Intensive therapy and coronary care units: case study analyses）（1988） ·强化治疗和冠状动脉护理单元：问卷调查报告（Intensive therapy and coronary care units: postal survey report）（1988） ·病房布局和护士管理：综述（Ward layout and nurse staffing: a review summary）（1981） ·病房布局和护士管理：文献综述（Ward layout and nurse staffing: a review of the literature）（1981） ·病房布局和护士管理：三家医院案例研究报告（Ward layout and nurse staffing: a report on three case study hospitals）（1981） ·病房综合医疗槽研究：摘要与结论（Provision of oxygen and suction outlets in bed areas: summary and conclusions）（1979） ·病房综合医疗槽研究：最终报告（Provision of oxygen and suction outlets in bed areas: final report）（1979） ·病房评估：圣托马斯医院（Ward evaluation: St Thomas' Hospital）（1977） ·医院病房床位间距缩减研究（Reduced bed spacing in hospital wards）（1971）
综合医院： 其他部门 Acute Hospitals: Other Departments	·艾滋病患者的人性化设计意义（The design implications of caring for people suffering from AIDS）（1987） ·手术室的设置和利用：罗汉普顿郡玛丽皇后医院（Operating theatre provision and utilisation: Queen Mary's Hospital, Roehampon）（1987） ·切斯特县医院急诊部评估（Evaluation of accident and emergency department at the Countess of Chester Hospital）（1986） ·急诊部的资源利用（The use of resources in accident and emergency departments）（1986） ·RTNE 医院的门诊空间需求（Outpatient space needs at the RTNE Hospital）（1986） ·核心医院手术部无菌供应需求编制（Preparation of sterile supply requirements in Nucleus operating departments）（1985） ·圣巴塞洛缪医院：手术部设置评估（St Bartholomew's Hospital: an appraisal of theatre provision）（1985） ·地区综合医院中的手术部设置（Theatre provision in a DGH）（1985） ·康复医疗空间（Rehabilitation services accommodation）（1984） ·医院清洗与消毒部门的工作量模型（A workload model for hospital sterilisation and disinfecting units）（1984） ·格林尼治地区医院洁污物流系统评估（Evaluation of supply and disposal systems at Greenwich District Hospital）（1983） ·医院教育中心研究（Education centres in hospitals）（1983） ·手术部的设置与利用：总结报告（Provision and utilisation of operating theatres: summary report）（1981） ·手术部的设置与利用：最终报告（Provision and utilisation of operating theatres: final report）（1981） ·医院员工更衣空间：多方案与问题评估（Staff changing accommodation in hospital: an appraisal of options and issues）（1980） ·集中更衣区：林恩国王医院空间设置评估（Central changing areas: evaluation of space provision at Kings Lynn Hospital）（1979） ·门诊部弹性规划设计研究（A study of one aspect of flexibility in outpatient department planning）（1970）

研究类别	研究名称
精神卫生设施 Mental Health Facilities	· 精神卫生设施建设：坚持原则（Building for the mental health: stick to your principles）（1990） · 社区精神卫生设施的费用评估（Estimating the cost of community based accommodation for mentally ill people）（1989） · 学习困难重症患者日托服务设施：空间利用研究（Daycare services for adults with severe learning difficulties: Space utilisation study）（1989） · 社区精神卫生设施规划（Planning community based accommodation for mentally ill people）（1988） · 大型精神卫生医院的调控策略（Strategies for contraction of a large mental illness hospital）（1986） · 精神卫生日间中心改建设施研究（Day centres for the mentally ill in adapted premises）（1980） · 培训中心环境研究（The environment of the adult training centre）（1977） · 普通住区精神卫生设施研究（Hostels for mentally ill in ordinary housing）（1976）
社区医疗设施 Community Facilities	· 偏头痛社区医院评估（Evaluation of Ystradgynlais Community Hospital）（1988） · 社区医院评估：克卢伊达郡莫尔德医院（Evaluation of a community hospital: Mold Hospital, Clwyd）（1988）
初级保健设施 Primary Care Facilities	· 伦敦主动区初级保健设施手册（London Initiative Zone Primary Care Premises Handbooks）： · 战略规划（Strategic planning） · 程序、采购和融资（Procedures, procurement and funding） · 案例研究（Case studies） · 规划与设计信息（Planning and design information） · 微创手术设施设置标准报告（Report on the criteria for the provision of facilities for minor surgery）（1993） · 卫生中心和团队医疗服务设施中"一站式"诊疗单元利用研究（Utilisation of treatment suites in health centres and group practices）（1979） · 卫生中心问诊单元利用研究（Utilisation of consulting suites in health centres）（1977） · 初级保健中的保健访视：两家卫生中心保健访视研究（The health visitor in primary care: study of health visitors in two health centres）（1977） · 卫生中心手册（Health centres handbook）（1973）
未来医疗设施 Future Health Buildings	· 未来医院：全国卫生资格认证协会年度股东大会报告（Hospitals of the future: transcript of presentation to NAHA AGM）（1988） · 信息技术与未来医疗建筑设计：最终报告（Information technology and the design of future health buildings: final report）（1987） · 信息技术与未来健康建筑设计：进展报告（Information technology and the design of future health buildings: progress report）（1985）
方法论研究 Methodology	· 功能适用性和空间利用研究：当前进展（Functional suitability and space utilisation: progress so far）（1988） · 医疗建筑手册（Health buildings manual）（1987） · 功能适用性和空间利用研究：评价方法（Functional suitability and space utilisation: assessment methods）（1986） · 医疗建筑设置与规划（手册和视频）（Provision and planning of buildings for the health service）（manual and video）（1985） · 医院多功能空间示例（Examples of multi-use of space in hospitals）（1977） · 医院空间一体化研究：概念、方法和初步成果（Space unitisation in hospitals: concepts, methodology and preliminary results）（1977） · 医院案例分类框架的演进（The development of a classification framework for selecting case study hospitals）（1976） · 医疗建筑多专业规划团队与规划组织机制（The planning team and preliminary organisation machinery）（1975） · 医疗设施规划人员的教育和培训需求调查（第一阶段）（First phase of an investigation into the education and training needs of health facility planners）（1973）
综合卫生服务 Health Services General	· 医院设计和英国国民卫生保健机构（Hospital design and the National Health Service）： · 第一部（Part 1）（1974） · 第二部（Part 2）（1975） · 第三部（Part 3）（1997）

2.6　环境倍添魅力

伦敦南岸大学居于魅力之城伦敦市，设立于此的 MARU 由此具有了学术和城市环境的双重吸引力。学校位于市中心，步行到大本钟等知名地标也不过 10 分钟而已。校园没有围墙，几幢相近的建筑就组成了学校，边缘的几栋标着校名与 LOGO，街道在校园里穿行而过，仅靠每栋楼入口的门禁和接待台进行管理。

伦敦多雨，为方便大家穿行于校园建筑之间，各建筑通过走廊或空中连廊连接在一起。这些走廊四通八达，辅以路标，像一条内部步行道。从城市街道进入任意一栋建筑，都能到达想去的地方。有次雨天，老师领着我经由内部走廊从一条街走到另一条街上去坐地铁（图 9-2）。

图 9-2　上左：站岗的英国皇家卫队士兵；上中：伦敦大桥；上右：泰晤士河掠影；下左：文丘里设计的国家画廊扩建工程；下右：南丁格尔博物馆

　　住的地方离学校很近。租金虽高，但考虑到伦敦交通花费的时间与金钱，这样的选择反而是最值的。公寓临街，但少有车辆经过，不过英国是岛国，国际航班非常多，飞机日夜不息地频繁从伦敦上空轰鸣而过，噪声扰人。伦敦旧城保护意识很强，建筑物是老的，街道的尺度也就是老的，大部分街道窄窄的，只有两车道，可停车的地方非常有限，车流量也不大，适于步行。人也少，走在精美恢弘的老石头房子之间，四顾却常常寂静无人。

　　伦敦课余可逛的地方太多了。除了繁星般的建筑大师杰作，还有诸多世界顶级的博物馆和艺术馆可以观览，且很多博物馆是免费的，还可以随便拍照（只有一小部分藏品不允许拍）。如大英博物馆里面有马克思当年苦读圣贤书的阅览室，历史之悠久，藏品之丰沛，之精湛……居世界之首。只是这些博物馆规模庞大，非常挑战体力和精力，堪称博物馆马拉松，适合住下来多次光顾、慢慢品味。

　　除了古老优美的城市环境，伦敦的生态环境也很好，半个世纪前雾锁伦敦的景象一去不复返了。某天黄昏从学校回家，在前面几步远的路边灌木丛里，突然斜窜出一只似流浪狗的黄毛动物，直到它目光凛冽地回望后拖着长尾敏捷冲向小径对面，这才发现是只狐狸。后来得知，伦敦市区有15000多只狐狸出没，伦敦的广播主持人还建议大家把门前垃圾箱的盖子打开，方便狐狸找吃的，因为它吃饱了就不会惹事了。家住伦敦市区的导师格兰维尔女士，后来写信给我聊家常时，还说起有只臭烘烘的狐狸想住到她家后院的工具棚里，而她正设法赶走它。

　　出国前听闻别的访问学者描述，国外的访学生活多是那种收集资料四处逛逛的"孤寂"生活，在伦敦 MARU 的访学生活截然不同。或许少有医疗建筑研究方向的访问学生到访，从学校到研究所都很重视，格兰维尔女士亲自带领我办各种报道手续、办理门禁卡、安排办公室位置，她指着申请表说，上面的层层签名已经到了学校最顶级的领导了。我可以和老师们一起免费享用打印机、扫描仪和计算机等办公设施，也可以享用很多教学资源（如图书和网络教学资源等）了。

MARU同学大都性格开朗而友善，大家见面会主动打招呼问好。对我这个新来的短期访问学习博士生，他们也主动招呼，好像熟识很久那样热情。大家只要逮着机会，就不停地说话，例如，在课堂或课间，在买咖啡，放学下电梯，一起乘电车、火车参观医院的路上，鲜有沉默的时候。课后，同学们会相约一起吃饭，或到酒吧里喝点东西聊聊天。单元课程结束，外地同学离开伦敦前，同学们会在公寓里开个送别派对。

在这样丰富多彩的学习和生活环境中，英语听说提高很快。三个月后，不仅课堂听说自如，也渐渐能听懂同学们带有各国口音的英语了，甚至是印度口音和马来西亚口音的英语。

留学是开阔眼界、挑战自身认知的行为，出国留学者的普遍目标，是将西方教育作为自己受到过的中国教育的比较与延伸。此次访学，除了专业学习、英语学习和文化学习方面的收获，还有客观认知祖国的收获。有人说，"出了国才知道，学英语，是为了更好地了解中国。"通过MARU访学，我对此有了切身体会：有了国际视野的比较分析，能更客观地认知中国的方方面面，既不盲目自大，更不妄自菲薄。

2.7　养老设施相关

MARU的研究和教育紧紧围绕"医疗设施"建设需求展

开，没有过多涉及英国养老设施。虽然在"医疗设施比较研究"课程单元中，有时行程会附带安排参观养老设施，但非重点学习对象。因此，为了解英国养老设施的研究与教育情况，我特意请教了曾在英国威斯敏斯特大学研习养老建筑、现在清华大学在读博士的付列武同学，借用他的介绍为本书补充一点英国养老建筑教育方面的情况。

付博士在英国威斯敏斯特大学攻读硕士学位时师从纳塞尔·高尔扎里（Nasser Golzari）教授，研究养老及临终关怀建筑，他认为英国的硕士教育强调实践经验对理论的指导以及行为学的研究。对于硕士研究课题，会安排专门的案例实地考察，由导师带着学生到欧洲其他国家进行针对性的课题调研和学习，同时，鼓励学生体验相关人群的行为和生活。

例如，为了研究"养老建筑文化特性与全球化"的课题，付列武博士对伦敦的华人养老中心进行了深入的调研和访谈，并参与到他们的日常活动和生活中。再如，为了研究"养老临终关怀建筑"的课题，他还在伦敦皇家圣三一临终关怀中心做了半年的志愿者，对临终老人，员工以及建筑设施进行观察、访谈、测量、参与日常的生活。

但据了解，英国养老设施没有类似MARU这样专于医疗建筑教育的中心式平台。

3　美国的医疗建筑教育：以CHSD为例

全美有 20 所高校提供健康建筑设计相关课程，其中 3 所高校提供医疗健康设施设计认证，它们是：得克萨斯州农工大学（Texas A&M University），克莱姆森大学（Clemson University）和堪萨斯大学（University of Kansas）。作者有幸于 2016 ～ 2018

年到得克萨斯州农工大学的健康系统设计研究中心（Center for Health Systems & Design，以下简称 CHSD）研修医疗建筑一年，下面就以 CHSD 为例，谈谈美国医疗建筑教育及学习感受。

3.1　历史久规模大

下设于美国得克萨斯州农工大学的 CHSD，是目前世界上规模最大、师生数量最多的一家跨学科医疗建筑研究与教育中心（图 9-3 ~ 图 9-6）。CHSD 依托北美最大公立大学之一、得克萨斯州农工大学而设，相较英国国立医疗建筑研究

图 9-3　得克萨斯州农工大学校园环境

图 9-4　建筑学院大楼

图 9-5　建筑学院中厅

图 9-6　建筑学专业教室

所（Medical Architecture Research Unit, MARU）而言，规模更大、活跃度更高，因此在医疗建筑领域有着领先的国际地位和持续的世界影响力。

CHSD 历史悠久、师资雄厚与外援力量强大。CHSD 的历史最早可以追溯到 1966 年，当年乔治·曼教授在建筑学院创立了医疗设计学科。另一个国际医疗建筑教育平台、英国的 MARU 则于较早的 1963 年在高校成立，二者创立时间相去不远。1984 年乔治·曼教授又联合了其他教授，共同在医疗设计学科的基础上正式成立了 CHSD。

发展至今，中心已经培养了近 4000 名学生，集聚了强大的师资力量：中心目前有 154 位教授及研究员（faculty fellows），其中教授们（或称"教授研究员"）分布于学校的 18 个学院，涵盖从建筑、景观到医疗、护理等多个专业；有 32 名教授及研究院来自建筑学院。其他研究员包括许多来自各大建筑设计或建造公司及医疗机构的实践研究员，以及来自其他高校或研究机构的校外研究员等。

中心积累了强大的人脉资源。CHSD 培养了大量医疗建筑设计人才，多人在当今美国主流医疗建筑设计公司（如 HKS，RTKL，KPR 或 PERKINS&WILL 等）担任要职，有几家公司的创始人还是这里的毕业生。在办学上，CHSD 内有庞大而学养深厚的专业教师队伍支撑，外有众多实践经验丰富的顶尖职业医疗建筑师校友助阵，实力雄厚的 CHSD 由此得以成为北美，乃至全球的第一大医疗建筑教育平台。

3.2 研究蜚声世界

CHSD 教师研究积累都很深厚，这里引用在此求学的董沛昕同学的原话为证："我在写毕业论文时，有一次和教授探讨什么样的环境能够让受到心理创伤的儿童更放松时，他随口就说出了几个在中心工作的老师的名字，让我去看看他们写的论文，这些人都曾做过相关研究。这一点让我觉得非常意外，再一次让我认识到中心的资源有多么强大。"

中心出版的著作有《重症医疗部规划设计》《循证设计理论》《循证设计的设计人员导则》《医疗设施评估方法》《儿童医疗环境设计》《老年外部环境设计》和《老年痴呆病人外部环境设计》等，以中心为支撑平台的杂志——《健康环境研究与设计杂志》（Health Environments Research & Design Journal），是业内唯一一本同行评阅、SSCI 收录的杂志。CHSD 还是唯一一家在世界顶级科学杂志上发表医疗设施研究论文的教育平台：学院的罗杰·乌尔里奇（Roger Ulrich）教授曾于 1984 年在《科学》（Science）杂志上发表过一篇名为《窗外景观可影响病人的术后恢复》（View through a window may influence recovery from surgery）的论文，正是此文开启了医疗建筑"循证设计"时代并影响美国乃至全球的医疗建筑发展。

相关课程设置

如今，作为 CHSD 联合创始人之一的乌尔里奇教授已退休并离开美国定居瑞典，CHSD 目前的核心师资有乔治·曼教授，医疗建筑循证设计概念的提出人柯克·汉密尔顿（D. Kirk Hamilton）教授，雷·宾特哥斯特（A. Ray Pentecost）教授，乌尔里奇教授的衣钵传人朱雪梅老师、吕志鹏老师等，教研团队依然强劲（图 9-7）。这正体现了中心式教育平台的优势，即不会因一个核心成员的离去而中断或后继乏力。

图 9-7　上排，从左至右：罗杰·乌尔里奇、柯克·汉密尔顿、朱雪梅；下排，从左至右：吕志鹏、乔治·曼、雷·宾特哥斯特

　　CHSD 医疗建筑与养老设施相关学习资源丰富。目前，CHSD 的研究方向有医疗设施设计规划（Healthcare Facility Design & Planning）、健康社区与健康城市（Healthy Community & Healthy City）、医院设施管理（Healthcare Facility Management）、环境心理学（Environmental Psychology）、健康心理学（Health Psychology）、公共健康（Public Health）和绿色建筑技术（Green Technology）等。这些研究方向的研究对象多样，包括一般人群、老年人、儿童和婴儿、妇女、医护人员、少数族群和特殊人群（如艾滋病人）等。

　　中心的工作主要有专业联营项目、课程开发，以及医疗健康相关的系列讲座、研究与设计项目。讲座系列如乔治·曼教授和 CHSD 副主任吕志鹏老师主持的医疗建筑讲座，该讲座系列主要面向本区域医疗卫生发展需求，每周邀请相关领域专家为师生呈现最前沿的研究成果，有来自公共卫生学院的教授、各大医疗建筑设计公司的建筑师和供职于政府卫生部门的官员和医院管理人员等（图 9-8），讲座拓宽了学生们的专业视野，此外教授们还会启发学生紧密结合前沿问题、地区未来发展来考虑个人事业规划等。

可选修的理论课程，除了校选研究方法课程和公共卫生学院开设的卫生服务管理类课程等之外，中心开设了多门医疗建筑设计研究课程，如柯克·汉密尔顿教授的《当代医院建筑设计的类型学》（Typologies of Contemporary Hospital Design）和《医疗建筑设计基础》（Foundations of Healthcare Design）（图 9-9）、朱雪梅副教授的《医疗建筑设计与研究》（Health Design and Research）；其他相关课程还有：苏珊·罗迪克（Susan Rodiek）教授的老年环境设计（Design for Aging）、雷·宾特哥斯特（A. Ray Pentecost）教授的建筑前期策划（Design Programming）和健康设计（Design for health）、吕志鹏博士的环境与行为（Social and Behavioral Factors in Design）等。讨论课上，教授引导着来自不同国家的同学们围绕医疗建设开展多元文化交流，是 CHSD 理论学习的重要组成部分。

图 9-8　每周五的医疗建筑讲座系列（左）
图 9-9　柯克·汉密尔顿（D. Kirk Hamilton）教授在上课（右）

本科与研究生设计课程设置有固定的医疗建筑设计专题。这些医疗建筑设计专题采用与本地医疗建筑设计事务所合作教学的方式，设计题目来自真实项目，学生们需要定期到设计事务所汇报设计进程，听取指导教师和实战建筑师的设计建议，面对真实复杂的设计问题，导师的指导和学生的落笔也必须具有实操性。汇报时学生必须身着正装并佩戴姓名铭牌，从形式到学习内容，可谓全方位的实战演练（图 9-10）。

图 9-10　吕志鹏老师与休斯敦 FKP 建筑师事务所建筑师合作的医疗建筑设计课程中期汇报

　　中心的课程设置呈体系化，多门课程之间紧密相关、相互支撑，不仅可以加深彼此的学习深度，同时激励学生学以致用、高效学习。具体表现有，一门理论课程中的案例研究可以为另一门设计课程的设计研究提供"养料"，即围绕设计课程面临的设计问题开展案例研究，理论课程的研究报告完成后，研究结论可以作为设计课程的设计构思基础；设计题目完成后，又可以拿来在理论课（如《医疗建筑设计基础》）上进行案例分析等。如一个选修了儿童心理康复中心的设计课题的学生，在理论课《医疗建筑设计与研究》中，可以围绕"什么样的环境能够更好地推进儿童康复过程"进行文献研究，并将研究结果用于设计构思。

　　除了毕业证书外，通过选修指定的医疗建筑相关设计专题和理论课程、完成规定学分及设计或论文，研究生还可获得健康系统设计证书（Health System & Design Certificate），这也是来此学习的大多数研究生的选择。CHSD 研究生学习强度很大：课程文献阅读量大，课程考试与作业密度很高，教授要求又都非常严格。比如，一门理论研讨类课程（seminar）穿插多次课堂讨论，讨论内容就是教授要求课前阅读的文献，而参与讨论发言与否与成绩挂钩，还会有随堂考、期中考和期末考，外加期中论文和期末论文。大家都说，一学期选修 3门课程以上的都是超人。对非英语母语的留学生而言，边过"听说读写"语言关边完成学业更是压力倍增。

3.3　学术活动丰富

除了校内学习，中心的教授们还会资助学生参与各种国际会议。如在美国举办的国际医疗设施规划设计与建设高峰论坛与展会（International Summit & Exhibition on Health Facility Planning, Design & Construction，PDC）和医疗建筑设计展会（Healthcare Design Expo + Conference，HDC）等大规模展会。前者与中国每年都举行的全国医院建设大会在内容设置和影响力方面很类似。

届时还有大量设计公司前来设展交流，因此除了听讲座、看展学习外，临近毕业的学生可以借此开展社交，接触到设计公司高层人士、获得求职机会。中心还有学生组织"医疗环境学生会"（Student Health Environments Association, SHEA）不定期组织参观医疗建筑设计公司和医疗设施等，与相关专业人士全方位接触。

3.4　西部牛仔风情

学校地处得克萨斯州，有着浓郁的得克萨斯州牛仔风情

（图 9-11）。学校所在的小镇名为"科利吉斯德辛"（College Station），意为"大学站"，源自 19 世纪为大学设置的火车站名，是个围绕学校发展起来的大学城。除了宽敞优美的学习设施，各类文娱设施应有尽有，校内外各色餐馆供应独具地方特色的美食，小镇生活异彩纷呈。在这里可以拼命学、放松玩，之后大快朵颐。

　　正如来这里访学的博士生姜琳所言："学业之余最大的意外收获就是，在得克萨斯州广袤的旷野上，穿梭于疾驰的大卡车之间进行了一次次自驾旅行，饱览墨西哥湾壮丽风光，体验最地道、最彪悍而又最淳朴的美国牛仔风情。"这样的求学时光，注定影响深远、美好而难忘。

图 9-11　上：得克萨斯州的牛仔小镇；下左：设立在得克萨斯州农工大学的乔治·布什总统图书馆暨博物馆；下右：建筑大师路易斯·康的作品：金贝儿美术馆离 TAMU 不远

4 国内医疗建筑教育简介

4.1 第二次世界大战后同起步

我国当代医疗建筑教育自 20 世纪 60 年代与国际上同步开始，至今也有 60 余年历史。如，医院建筑设计在 20 世纪 60 年代是重庆建筑工程学院建筑系（现重庆大学建筑城规学院）建筑学专业的必修课和毕业设计选题之一；又如，何镜堂院士于 20 世纪 60 年代攻读硕士学位期间，在华南理工大学夏世昌教授指导下完成了硕士学位论文《医院门诊部候诊区的面积研究》。

除了夏世昌教授外，我国老一辈医疗建筑学人，如华南理工大学的谭伯兰教授，重庆大学的唐璞先生、罗运湖教授，哈尔滨工业大学的智益春教授，东南大学的陈励先教授等，他们所在的高校和培养的弟子所在的高校，为医疗建设领域输送了很多医疗建筑学者和有从业背景的建筑师。

此外，海外高校中，如欧洲的比利时鲁汶大学（University of Leuven）、英国国立医疗建筑研究所（MARU）、谢菲尔德大学（The University of Sheffield）、德国柏林工业大学和荷兰代尔夫特理工大学等；北美洲的美国得克萨斯州农工大学、克莱姆森大学（Clemson University）等；亚洲的日本东京大学等，都陆续为我国输送了许多具有国际视野的医疗建筑设计专业人才。

如果想了解我国医疗及养老设施建筑教育的一些详细情况，推荐读者查阅《医养环境设计》杂志 2019 年第 4 期。这期是国内医养建筑教育的专题，其中既有活跃在国内医养建筑设计实践领域的优秀人士回顾自己经历的医疗建筑设计教育（包括多位建筑师在美国得克萨斯州农工大学 CHSD 和克

莱姆森大学的求学经历）；也有在建筑院校学习或工作、从事
医疗建筑研究或教育的学者撰写的世界各高校医养建筑教育
发展历程与现状（国内高校有北京建筑大学、西安建筑科技
大学、华南理工大学、重庆大学和清华大学；国外有荷兰代尔
夫特理工大学）。

4.2　多个中心成立

近 20 年来，随着我国医疗建设增量巨大，一些高校开始
成立医疗建筑设计研究中心或健康建筑类设计研究中心（所）
等，由活跃在医疗或老年建筑设计研究领域的学者或资深建
筑师挂帅，呈现可喜的发展势头。如重庆大学成立的"重庆
大学医疗与住居建筑研究所"、西安建筑科技大学的医疗建筑
研究中心、深圳大学成立的本原健康环境研究所、北京建筑
大学成立的健康环境设计研究与教育中心等。

除此之外，还有各种行业协会举办的形式多样的医疗建
筑相关主题的短期培训班、论坛讲座与交流等，辅以有组织
的医疗设施考察活动，极大地补充了高校医疗建筑教育覆盖
不到的领域。如筑医台举办的、影响力广泛的年度"全国医
院建设大会"及其组织的系列国内外医疗设施考察活动；中国
医院协会医院建筑系统研究分会举办的学术年会等。

在众多医疗建筑教育形式中，在高校中设立中心式平台
非常有必要。要知道，以设计市场为工作重心的设计研究院
（所）或公司往往无暇顾及研究，而高校除少量能从事设计实
践的学者外，大多数学者取得的研究成果往往难以和实践产
生关联，亟需好的中心式平台开展系统化传播与推广，将研
究成果转化，用于实践的良性发展。这种平台可以多元化，
既有商业公司运作的，也有行业协会主导的。但一定不能缺

少类似英国 MARU 和美国 CHSD 那种在高校设立的、具有国际视野且独立于设计市场的、基于高质量学术成果开设的体系化医疗建筑教育平台。

在高校中设立中心式教育平台，利于保证研究与教育的科学性、客观性、系统性与中立性。教育平台的教研团队成员不限于高校专职学者，可以依托于高校的体系架构，网聚医疗建设实践的各类专业人才，共同参与教育。

4.3　与国际的差距

不过，我国医疗建筑中心式教育平台仍处于发展起步阶段。前不久，在北京建筑大学举办了"2018 大健康建筑设计与研究高校联盟——医养建筑本土化设计学术论坛"❶，论坛邀请的高校嘉宾中，有来自清华大学、北京建筑大学、哈尔滨工业大学、华南理工大学、重庆大学、天津大学、同济大学、西安建筑科技大学和深圳大学九所大学医养建筑设计研究方向的教师。❷ 通过此次论坛，可对当前国内医疗建筑研究与教育概貌管中窥豹：

总体上，我国目前尚无类似英国 MARU 和美国 CHSD 这种可以提供医疗建筑设计和研究教育的中心式平台；与国外相比，国内健康城市和健康建筑设计专项人才和研究成果积累较为贫乏。可以说，虽有一些医疗建筑研究中心（所）挂牌，总体上国内医疗建筑研究和教育仍处于个体式为主体的发展阶段。

未来，我们不仅要增加研究投入，提高研究质量，还需要在国际健康环境设计研究的大家庭中发出中国声音，共谋发展。英美的医疗建筑专业人才教育从 20 世纪 60 年代开始起步，我们比他们晚了至少 50 年，他们已经是大树了，我们才刚发芽。如美国 CHSD，乔治·曼恩教授在 1966 年开始创设医疗

❶ 论坛于 2018 年 12 月 2 日举办，办论坛的目的之一就是请医养建设一线及研究与教育领域的国内专家学者共聚一堂，适时总结医养建筑的本土建设经验，并就相关教育的体系化构建进行探讨。会议的学术架构和嘉宾组成，主要由作者设计和邀请。

❷ 论坛筹备阶段也邀请了东南大学医养建筑设计研究专家周颖老师作为高校嘉宾与会发言，但周老师因故没能到会。

设计学科，并一直坚持工作到现在。初创期有很长一段时间，这个研究机构只有他一个人，后来才慢慢有其他学者加入。

如果等不来像英国 MARU 那样由政府推动、"自上而下"发展医疗建筑设计研究的机会，我们需要一个像乔治·曼恩教授那样的一个开始，然后坚持下去。凡事总要有个开始。有了开始的 1.0 版本，有启蒙，有需求，有持续的改进，然后才会有 2.0 版本、3.0 版本，我们需要用发展的眼光看待这件事。当前在健康中国的政策下，健康设施建设大发展就是我们很好的开始契机。

4.4 "中心式"新起点

正是在这样的认识下，面向老龄化社会的医疗建设和教育新需求，经过一年多的筹备工作，由作者牵头于 2019 年 1 月在北京建筑大学成立了"健康环境设计研究与教育中心"。该中心聚合北京建筑大学建筑学院健康环境设计研究领域的专业人才，以"健康城市"、"医疗建筑"、"老年住宅与养老设施"、"健康物理环境"和"健康景观"为主要研究方向组建而成。团队依托学校和建筑学院的研究资源和教育资源，将逐步构建和完善"产学研"机制，实现科研创新、人才培养创新的发展目标。

医疗建筑教育作为"健康环境设计研究与教育中心"的板块之一，将基于既有课程体系进行逐步完善和优化。为什么决定成立聚合多个相关研究方向的人才成立"大健康"概念的教育中心，而非仿照英国 MARU 成立"医疗建筑"专项研究所呢？

让我们来看个商界的案例。哈佛商学院的西奥多·莱维特在他著名的论文《营销短视症》里提到，一些铁路公司之所以失败，是因为没有认识到他们经营的是交通运输业务，而不只是开火车。莱维特认为，如果当时这些公司想到了这一点，现在它们应该已经发展成了通用汽车、波音或美国航空公司，而非被淘汰出局。

同样道理，考虑到当代的医疗建筑概念发展，我们是在设计以健康为目标的物质环境，而不仅仅是设计治病环境。

再则，"大健康"设施系统包括"发展健康（Developing）"、"修复健康（Restoring Health）"和"保护健康（Protecting Health）"三个分支体系（图 9-12），医疗建筑作为"修复健康"的物质场所，需要考虑与系统中其他设施协同运作的问题。例如，从设施系统的协同运营角度在养老设施中修建的医疗建筑、建筑规模、功能比例、流程布局等，就与独立设置的城市大型综合医院完全不同。协同运营的设施相关设计研究，就需要强调跨研究方向的启发和协作等，只有这样，才能解决关键共性技术难题，获取前瞻性研究成果。

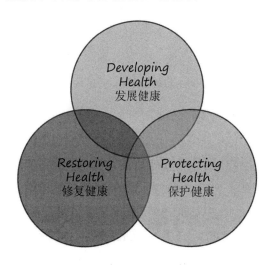

图 9-12 "大健康"概念图示（资料来源：吕志鹏．2018）

资料来源汇总

图 2-1

上：https://www.akdn.org/architecture/project/kaedi-regional-hospital

下左：https://bbs.zhulong.com/101010_group_201807/detail10012051/

下右：https://www.maggiescentres.org/our-centres/maggies-dundee/architecture-and-design/

图 2-2

左：孙虹，肖铁.大型医院建筑效率与安全性能的思考.武汉："中国医院建筑百年的思索和探讨"院长高峰论坛，2012-05.

中：中南大学湘雅医院网站.雅礼协会、胡美与湘雅医院[OL]. https://www.xiangya.com.cn/web/Content.aspx?chn=439&id=27746, 2015-04-13.

图 2-3

左：Jeffrey W Cody. Building in China: Henry K Murphy's "Adaptive Architecture" (1914-1935). Seattle: the University of Washington Press, 2001:70.

右：由北京建筑大学格伦老师收集提供。

图 2-4

MARU. The Planning Team And Planning Organization Machinery[R]. 1975:5.

图 2-7

左：http://att3.citysbs.com/780x520/haodian/2013/08/11/11/112529_19621376191529511_b070e8ae441910d3181e0ea3513cd259.jpg.

右：http://www.cz96120.com/Article/ShowArticle.asp?ArticleID=179.

图 3-1

伦敦诺斯威克公园医院（Northwick Park Hospital）立面图：Weeks, John. Hospitals for the 1970S[J]. Medical Care. 3(4), 1965: 197-203.

图 3-6

Nuffield Provincial Hospitals Trust. Studies in the Functions and Design of Hospitals

[M]. London: Oxford University Press, 1955: 9.

图 3-7

Nuffield Provincial Hospitals Trust. Studies in the Functions and Design of Hospitals [M]. London: Oxford University Press, 1955: 14.

图 3-8

Nuffield Provincial Hospitals Trust. Studies in the Functions and Design of Hospitals [M]. London: Oxford University Press, 1955: 61.

图 3-9

MARU, Department of Health and Social Security. Health Buildings Evaluation Manual. London: University of North London, 1987: 71.

图 3-10

摄影：Nick Kane.

图 4-1

右：R Ulrich. 1984. View through a window may influence recovery from surgery[J]. Science: 224.

图 4-2

嘉惠霖，琼斯. 博济医院百年（一八三五～一九三五）[M]. 沈正邦 译. 广州：广东人民出版社, 2009.

图 4-3

中国中元国际工程公司。

图 4-4

左：John D Thompson, Grace Goldin. The Hospital: a social and architectural history [M]. New Haven: Yale University Press, 1975: 163.

右：由北京建筑大学格伦老师收集提供。

图 4-7

左：Nuffield Provincial Hospitals Trust. Studies in the Functions and Design of Hospitals [M]. London: Oxford University Press, 1955: 104.

右：Nuffield Provincial Hospitals Trust. Studies in the Functions and Design of

Hospitals [M]. London: Oxford University Press, 1955: 46.

图 4-8

上左：James W P , Tattonbrown W . Hospital design and development[M]，London: Architectural Press Ltd, 1986: 156.

上右：James W P , Tattonbrown W . Hospital design and development[M]，London: Architectural Press Ltd, 1986: 135.

图 4-11

左：NHS Estates, Health Facilities Notes.Design against crime [M], London: HSMO, 1994: 31.

右：NHS Estates, Health Facilities Notes.Design against crime[M], London: HSMO, 1994: 49.

图 4-12

右：Cox A , Groves P M . Hospitals and health-care facilities : a design and development guide[M]. Boston: Butterworth Architecture, 1990: 54.

图 5-3

左：Oscar Newman. Creating Defensible Space. Washington: U.S. Department of Housing and Urban Development Office of Policy Development and Research, 1996-04: 68.

右：NHS Estates, Health Facilities Notes, Design against crime，London, 1994: 33.

图 5-4

NHS Estates, Health Facilities Notes.Design against crime [M], London: HSMO, 1994: 41.

图 6-3

左：Peter Stone. british hospital and health-care buildings designs and appraisals [M]. London: The Architectural Press Ltd, 1980: 9.

右：James W P, Tatton-Brown W. Hospital design and development [M]. London: Architecture Press, 1986: 19.

图 6-4

James W P, Tatton-Brown W. Hospital design and development [M]. London: Architecture Press, 1986: 56.

图 6-5

上：MARU；下：GOOGLE 地图.

图 7-2

上：John D Thompson, Grace Goldin. The Hospital: a social and architectural history [M]. New Haven: Yale University Press, 1975: 135.

下：John D Thompson, Grace Goldin. The Hospital: a social and architectural history [M]. New Haven: Yale University Press, 1975: 31.

图 7-3

Mens N., Wagenaan C. Healthcare architecture in the Netherlands [M]. Rotterdam: Nai Publishers, 2010: 196.

图 7-6

李强 . "丁字型" 社会结构与 "结构紧张" [J]. 社会学研究 , 2005, (02):59.

图 7-8

右：EGM 建筑师事务所。

图 7-9

右下：Christine Nickl-Weller, Marco Schmidt. Hospital Plus: Energy Efficiency in Hospitals - Research for Energy Optimized Construction. University of Technology Berlin, Institute for Architekture

Department Architecture for Health. 2013-09.

图 7-10

左：中国中元国际工程公司。

图 7-11

EGM 建筑师事务所。

图 8-2

Netherlands Board for Healthcare Institutions, Building Differentiation of Hospitals-

Layers approach[EB/OL]，2007: 11.

图 9-7

CHSD 官网。

图 9-12

吕志鹏．中美医疗建筑研究机构与行业组织价值比较 [R]. 2018 深圳医院建设

知识大会暨中国医疗建筑设计师年会．2018-12.